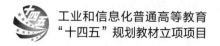

工业和信息化普通高等教育
"十四五"规划教材立项项目

数据分析与应用新形态系列教材

Data Processing and Analysis
with Excel 2016

Excel 2016
数据处理与分析应用教程

谢萍 苏林萍◎编著

微课版
第2版

人民邮电出版社

北京

图书在版编目（CIP）数据

Excel 2016数据处理与分析应用教程：微课版 / 谢萍，苏林萍编著. -- 2版. -- 北京：人民邮电出版社，2024.1

数据分析与应用新形态系列教材

ISBN 978-7-115-63283-8

Ⅰ. ①E… Ⅱ. ①谢… ②苏… Ⅲ. ①表处理软件－高等学校－教材 Ⅳ. ①TP391.13

中国国家版本馆CIP数据核字(2023)第237971号

内 容 提 要

本书分为 10 章，内容包括 Excel 2016 基础知识、数据输入与编辑、公式、函数、图表、数据管理、数据透视分析、宏、财务分析函数及应用、模拟分析。全书采用由易到难、循序渐进的方式介绍了 Excel 的常用知识点，并通过大量的实例讲解 Excel 的常用功能与操作步骤。

本书内容翔实，案例丰富，操作步骤清晰，实用性强，并在各章配备微课视频，读者扫描二维码即可进行在线网络学习。

本书可以作为高等院校相关专业的教学用书，也可以作为企事业单位人员提高数据分析能力的参考书。

◆ 编　著　谢　萍　苏林萍

　　责任编辑　孙燕燕

　　责任印制　胡　南

◆ 人民邮电出版社出版发行　　北京市丰台区成寿寺路 11 号

　　邮编　100164　电子邮件　315@ptpress.com.cn

　　网址　https://www.ptpress.com.cn

　　三河市兴达印务有限公司印刷

◆ 开本：787×1092　1/16

　　印张：13　　　　　　　　　　2024 年 1 月第 2 版

　　字数：373 千字　　　　　　　2024 年 12 月河北第 3 次印刷

定价：52.00 元

读者服务热线：**(010)81055256**　印装质量热线：**(010)81055316**

反盗版热线：**(010)81055315**

广告经营许可证：京东市监广登字 20170147 号

前　言

Excel 是 Microsoft Office 办公软件的组件之一，它能够进行数据计算、统计、数据管理等各项工作，应用范围十分广泛。为了适应当前企业对数据处理与分析人才的高度需求，许多高校开设了"Excel 数据处理与分析"课程。

《Excel 2016 数据处理与分析应用教程（微课版　第 2 版）》在第 1 版的基础上，以党的二十大报告指出的"实施科教兴国战略，强化现代化建设人才支撑"为指导思想，结合编者在教学中的实际使用情况和广大读者的反馈意见修订而成。修订后的第 2 版在保持第 1 版教材特点的基础上，增加了"学习目标"、"实用技巧"，以及"课堂实验"模块。本书特色如下。

（1）学习目标明确。本书修订版在每章开头增加了【学习目标】，明确了需要掌握的知识点。

（2）内容翔实，覆盖面广。本书采用 Excel 2016 版本介绍了数据处理与分析的具体方法和技巧，内容全面，易于读者进行系统学习。

（3）形式新颖，配有微课视频。本书每章均配有微课视频，读者扫描书中二维码即可观看。每个微课视频都有明确的教学目标来集中讲解一个实际问题，内容较短，方便读者随时播放学习，是课堂教学的有益补充。

（4）理论与实际相结合，可操作性强。本书不仅介绍了丰富的数据处理与分析的理论知识，而且每章都配有大量的应用实例。应用实例结合学生的成绩管理来完成数据录入、统计分析、数据管理、图表展示等工作，读者更容易掌握相关的理论知识。

（5）实验和习题丰富。本书每章都配有相应的实验和习题，读者通过实验和习题的训练可以巩固和加深对所学知识的理解和掌握，提高应用能力。

（6）注重操作技能。本书每章末都增加了"实用技巧"模块，介绍了 Excel 中一些非常实用的操作，读者掌握后可以提高操作效率，达到事半功倍的效果。

本书的参考学时为 48 学时，建议采用理论和实验并行的教学模式。各章教学学时和实验学时分配见下表。

章	教学学时	实验学时
第 1 章　Excel 2016 基础知识	2	2
第 2 章　数据输入与编辑	2	2
第 3 章　公式	2	2
第 4 章　函数	4	4

续表

章	教学学时	实验学时
第 5 章　图表	2	2
第 6 章　数据管理	4	4
第 7 章　数据透视分析	2	2
第 8 章　宏	1	1
第 9 章　财务分析函数及应用	3	3
第 10 章　模拟分析	2	2
学时总计	24	24

　　本书由华北电力大学的一线教师谢萍和苏林萍编写，两位编者多次获得华北电力大学教学优秀奖，教学经验丰富，已出版多部 Excel、Access、MySQL 等方面的教材。其中，第 1 章～第 5 章由苏林萍编写，第 6 章～第 10 章由谢萍编写。全书由谢萍统稿。

　　本书提供教学课件、电子教案、教学大纲、习题答案、微课视频、应用实例、实验素材、实验结果等，读者可从人邮教育社区（www.ryjiaoyu.com）免费下载。

　　由于编者水平有限，书中难免有不妥之处，恳请广大读者批评指正。

编　者

2023 年 9 月

目　录

第1章
Excel 2016 基础知识

Excel 2016 是 Office 2016 办公软件中的一个组件，用来制作电子表格。Excel 2016 功能非常强大，用户不仅可以使用函数进行运算，运用数据管理功能统计分析数据，而且可以用统计图表的形式展示出来。本章主要介绍了 Excel 的工作环境、工作簿的操作以及工作表的操作和打印等内容。

【学习目标】
- 掌握工作簿、工作表和单元格的基本概念。
- 掌握工作簿的操作方法。
- 掌握打印工作表的设置。

1.1　Excel 2016 概述

本节主要介绍 Excel 2016 的工作环境，以及工作簿、工作表和单元格等基本概念。

1.1.1　工作环境的介绍

通过 Windows 开始菜单启动 Excel 2016 后，会出现图 1-1 所示的 Excel 2016 工作环境界面，该界面由标题栏、功能区、编辑栏、工作表编辑区和状态栏等部分组成。

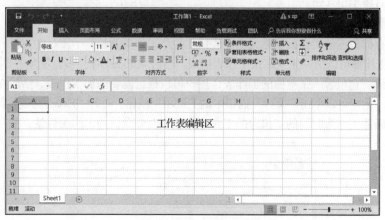

图 1-1

1. 标题栏

标题栏位于顶部，左侧是快速访问工具栏，默认包括"保存""撤销"和"恢复"图标按钮；中间显示的是当前正在编辑的工作簿名称；右侧是"最小化""最大化"和"关闭"图标按钮。

1

2. 功能区

功能区位于标题栏下方，在功能区上包含了常用的"文件""开始""插入""页面布局""公式""数据""审阅""视图"和"帮助"等选项卡。

3. 编辑栏

编辑栏位于功能区与工作表编辑区之间，如图 1-2 所示，包括名称框、快捷工具按钮、编辑框和展开/折叠按钮 4 个部分。

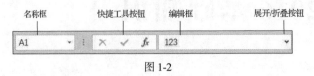

图 1-2

- 名称框：用于显示当前活动单元格的地址或名称。
- 快捷工具按钮：单击按钮☑或按【Enter】键可确认输入的内容；单击☒按钮或按【Esc】键可取消输入的内容；单击☑按钮可在当前活动单元格中插入函数。
- 编辑框：用于输入和编辑当前活动单元格中的数据或公式。
- 展开/折叠按钮：通过编辑框向单元格中输入内容时，可以单击☑按钮来展开编辑栏，获得更多的编辑空间；若要折叠编辑栏，单击☑按钮即可。

4. 工作表编辑区

工作表编辑区是 Excel 窗口的主体，由单元格组成，每个单元格由列号和行号来定位，其中行号位于工作表编辑区的左端，顺序为数字 1、2、3 等依次排列；列号位于工作表编辑区的上端，顺序为字母 A、B、C 等依次排列。

5. 状态栏

状态栏位于底部，反映了 Excel 当前的运行状态和视图模式。

1.1.2 工作簿、工作表和单元格的概念

工作簿、工作表和单元格是 Excel 中的三个重要概念。一个工作簿中可以包含多张工作表，每张工作表中包含多个单元格。

1. 工作簿

工作簿是存储数据的文件，也称为电子表格。一个工作簿就是一个 Excel 文件，其文件扩展名为.xlsx。每个工作簿可以由一张或多张工作表组成。当启动 Excel 时，一个名为"工作簿 1"的工作簿文件自动创建。它包含一张空白的工作表，用户可以根据需要添加工作表，然后在这些工作表中输入相关数据。用户可以单击"文件"选项卡的"选项"按钮，打开"Excel 选项"对话框，在"常规"中设置"新建工作簿时"的"包含的工作表数"来改变默认的工作表数量，如图 1-3 所示。

图 1-3

2. 工作表

工作簿中的每一张表称为工作表。如果将工作簿比作一个活页夹，工作表则是其中的活页纸。工作表用来存储数据，用户可以使用工作表对数据进行计算和管理。工作表是由行和列组成的二维表格。工作表始终存储在工作簿中，一个工作簿可以包含的工作表的数量仅受计算机内存的限制。

视频 1-1　工作表

工作表以工作表标签的形式显示在工作簿窗口底部。底色为白色的工作表是当前工作表。单击某张工作表标签，可以使之成为当前工作表。

默认情况下，一个工作簿中只包含一张工作表，名称是 Sheet1，如图 1-4 所示。用户可以根据实际需要添加或删除工作表，也可以对工作表重新命名。当用户单击"新工作表"按钮 ⊕ 时，可以添加一张新工作表，名称默认为：Sheet+数字（例如，Sheet2）。图 1-5 所示为一个工作簿中包含了三张工作表，当前工作表是 Sheet2。

图 1-4　　　　　　　　　　　　　图 1-5

3. 单元格与单元格区域

在工作表中，行和列相交构成单元格，用于存储数据和公式。行以数字编号（如 1、2、…），列以英文字母编号（如 A、B、…、Z、AA、AB、…）。单元格的名称是列号和行号的组合。例如，A1 表示 A 列与第 1 行交叉点的单元格。

活动单元格是指当前正在编辑的单元格，可以包含文本、数字、日期时间、公式、函数等内容。若要在某个单元格中输入或编辑内容，可以单击该单元格，使之成为活动单元格；活动单元格的周围显示粗线边框，其名称将显示在编辑栏的名称框中。图 1-6 所示的活动单元格为 B3。

除以上 3 个概念外，单元格区域也是 Excel 中的一个概念。其是指在工作表中选定的矩形块，用户可以对其中数据进行编辑和计算，如复制、移动、删除等。引用单元格区域时，使用左上角单元格和右下角单元格，中间用冒号作为分隔符。例如，B2:C5 表示从单元格 B2 到单元格 C5 的区域，如图 1-7 所示。

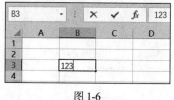 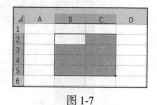

图 1-6　　　　　　　　　　　　　图 1-7

1.1.3　获取帮助信息的方法

Excel 2016 提供了强大的联机帮助系统，用户可以使用帮助系统及时解决遇到的问题。

1. 帮助

单击"帮助"选项卡中的"帮助"按钮 ❷，打开"帮助"主页，用户可以在其中浏览主题，也可以在搜索框中输入问题找到帮助信息，如图 1-8 所示。

2. 显示培训

单击"帮助"选项卡中的"显示培训"按钮，将显示出关于 Excel 培训的效果视频，主要有快速入门、行和列、单元格、格式设置、公式和函数、表格、图表、数据透视表等，如图 1-9 所示，这些视频可便于初学者学习使用 Excel。

图 1-8

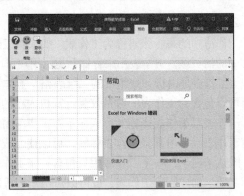

图 1-9

1.2 工作簿的操作

工作簿是 Excel 用于存储数据的文件，对文件的操作就是对工作簿的操作。

1.2.1 创建工作簿

使用 Excel 管理数据首先要创建文件，创建 Excel 文件就是创建一个 Excel 工作簿，通常可以用以下两种方法实现。

方法一：通过 Windows "开始" 菜单启动 Excel 并自动创建一个空白工作簿。

方法二：在 Excel 工作环境中，单击 "文件" 选项卡左侧的 "新建" 选项。在打开的图 1-10 所示的 "新建" 窗口中，用户可以选择不同的工作簿模板，也可以选择 "空白工作簿" 新建一个空白工作簿。

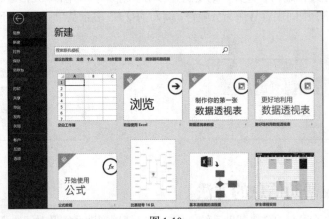

图 1-10

1.2.2 保存工作簿

创建工作簿后需要将其保存在计算机的硬盘中，保存工作簿的操作步骤如下。

① 单击快速访问工具栏上的 "保存" 按钮；或单击 "文件" 选项卡左侧的 "保存" 选项。若选择 "另存为"，则确定保存文件的位置（文件夹）后，出现 "另存为" 对话框，如图 1-11 所示。如果该工作簿是第一次保存，同样也会在确定保存文件的位置后出现 "另存为" 对话框。

② 在 "文件名" 框中输入工作簿的文件名，然后单击 "确认" 按钮。

　　默认情况下，工作簿会保存在"我的文档"文件夹中。如果要更改默认的文件保存位置，操作步骤如下。

　　① 单击"文件"选项卡中的"选项"按钮。

　　② 在打开的"Excel 选项"对话框中，选择"保存"选项，在"默认本地文件位置"框中修改文件的保存路径，如图 1-12 所示。

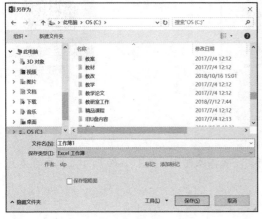

图 1-11

图 1-12

1.2.3　打开工作簿

打开工作簿，有以下三种常见的方法。

方法一：在文件夹中双击工作簿文件，系统自动启动 Excel 2016 软件，并打开该工作簿。

方法二：在 Excel 工作环境中，单击"文件"选项卡左侧的"打开"选项，在右侧的"最近"选项中显示出最近打开过的工作簿，单击选中的工作簿文件即可打开。当用户忘记了最近使用的工作簿存放的文件夹位置时，可以使用该方法快速找到所需的工作簿文件。

方法三：单击"文件"选项卡左侧的"打开"选项，利用右侧的"浏览"选项在对话框中选择要打开的工作簿文件进行打开。

1.2.4　关闭工作簿

关闭工作簿，有以下两种常用的方法。

方法一：单击 Excel 2016 工作环境右上角的"关闭"图标按钮。

方法二：在 Excel 工作环境中，单击"文件"选项卡左侧的"关闭"选项，则只关闭当前工作簿文件，不会影响到其他打开的工作簿文件。

1.2.5　设置工作簿密码

当用户不希望他人随意看到工作簿中的数据信息时，可以为工作簿设置打开和修改的密码。设置工作簿密码的操作步骤如下。

　　① 单击"文件"选项卡左侧的"信息"选项，在右侧的"保护工作簿"下拉列表中选择"用密码进行加密"选项，如图 1-13 所示。

　　② 在"加密文档"对话框中输入密码，如图 1-14 所示。然后单击"确定"按钮。

　　③ 在"确认密码"对话框中再次输入相同的密码，如图 1-15 所示。然后单击"确定"按钮即可完成工作簿的加密。

视频 1-2 设置工作簿密码

图 1-13

当用户再次打开已经设置了密码保护的工作簿时，需要输入密码，如图 1-16 所示。只有输入正确的密码时，工作簿文件才可以被正常打开和使用。

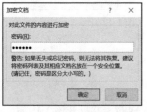

图 1-14

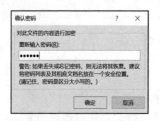

图 1-15

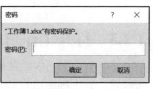

图 1-16

如果需要解除工作簿的打开密码，可以按照工作簿密码设置的操作步骤打开"加密文档"对话框，删除现有的密码即可。

1.3 工作表的操作

默认情况下，一个工作簿中只包含一张工作表，我们可以根据需要插入新工作表。

1.3.1 插入新工作表

插入新工作表，有以下三种方法。

方法一：在现有工作表的末尾快速插入新工作表，可以单击窗口底部工作表标签右侧的"新工作表"图标 ⊕，如图 1-17 所示。

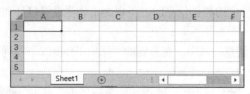

图 1-17

视频 1-3 插入新工作表

方法二：在现有工作表之前插入新工作表，可以选择该工作表标签，在"开始"选项卡的"单元格"选项组中，单击"插入"按钮，然后选择"插入工作表"，如图 1-18 所示。插入后的结果如图 1-19 所示，即在工作表 Sheet2 前插入了一个新工作表 Sheet4，工作表 Sheet4 为当前工作表。

图 1-18

图 1-19

　　方法三：一次插入多张工作表，可按住【Shift】键，然后在打开的工作簿中选择与要插入的工作表数目相同的现有工作表标签，在"开始"选项卡的"单元格"选项组中，单击"插入"按钮，然后选择"插入工作表"。

　　　　　　在工作表的标签上单击鼠标右键，在弹出的快捷菜单中单击"插入"，然后在"插入"对话框中选择"工作表"，再单击"确定"按钮，也可以快速插入新工作表。

1.3.2　重命名工作表

　　默认情况下，新建的工作表是以"Sheet+数字"来命名的，如 Sheet1、Sheet2 和 Sheet3 等。为了明确表示工作表的内容，通常需要对工作表进行重新命名，操作步骤如下。
　　① 在工作表标签上单击鼠标右键，在弹出的快捷菜单中选择"重命名"选项，如图 1-20 所示。
　　② 工作表标签文本变为被选择状态，键入新的工作表名称并按【Enter】键。
　　除了对工作表重命名，用户还可以为工作表标签设置颜色，不同颜色可以明显区分不同的工作表。设置工作表标签颜色的操作步骤如下。
　　① 在工作表标签上单击鼠标右键，在弹出的快捷菜单中选择"工作表标签颜色"选项，如图 1-21 所示。
　　② 在"主题颜色"的调色板中选择相应的颜色即可。

图 1-20

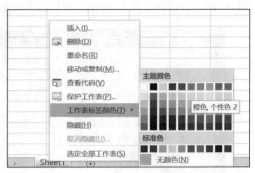

图 1-21

1.3.3 移动或复制工作表

用户可以将工作表移动或复制到工作簿中的其他位置或其他工作簿中，操作步骤如下。

① 选择需要移动或复制的工作表。

② 在"开始"选项卡的"单元格"选项组中，单击"格式"按钮，然后在"组织工作表"下选择"移动或复制工作表"，如图 1-22 所示；或者在选定的工作表标签上单击鼠标右键，然后在弹出的快捷菜单中选择"移动或复制"，打开"移动或复制工作表"对话框，如图 1-23 所示。

图 1-22

图 1-23

视频 1-4 移动或复制
工作表

③ 在"移动或复制工作表"对话框中，选择目标工作簿及插入位置。目标工作簿可以是当前工

作簿、其他已经打开的工作簿或者是一个新工作簿。插入位置可以是某张工作表之前或最后。

④ 要复制工作表而不移动，必须勾选"建立副本"复选框。

⑤ 单击"确定"按钮，完成工作表的移动或复制。

图 1-23 中勾选了"建立副本"复选框，并选择"（移至最后）"，操作结果是将工作表复制成为最后一张工作表，默认的工作表名为：原工作表名+(数字)，例如，Sheet1(2)。

 单击需要移动的工作表标签，拖曳工作表标签至合适的位置可以快速移动工作表。

【例 1-1】打开"高等数学成绩"工作簿，将 Sheet1 工作表重命名为"平时成绩"，插入一张新工作表命名为"期中考试成绩"，复制该表为"期末考试成绩"，并为三张表设置不同的标签颜色。操作步骤如下。

① 工作表重命名：在工作表 Sheet1 标签上单击鼠标右键，在弹出的快捷菜单中选择"重命名"选项。该工作表标签文本变为被选择状态，键入新的工作表名称"平时成绩"并按【Enter】键。

② 插入新工作表：单击窗口底部工作表标签右侧的"新工作表"图标 ⊕，然后重命名为"期中考试成绩"。

③ 复制工作表：在要复制的"期中考试成绩"工作表标签上单击鼠标右键，在弹出的快捷菜单中选择"移动或复制"，打开"移动或复制工作表"对话框，选择"（移至最后）"，并勾选"建立副本"复选框，如图 1-24 所示。复制工作表成功后将其重命名为"期末考试成绩"。

④ 设置工作表标签颜色：在"平时成绩"工作表的标签上单击鼠标右键，在弹出的快捷菜单中选择"工作表标签颜色"选项，在"主题颜色"的调色板中选择绿色。采用相同操作设置"期中考试成绩"标签颜色为黄色；设置"期末考试成绩"标签颜色为红色。

设置结果如图 1-25 所示。

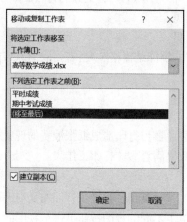

图 1-24

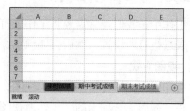

图 1-25

1.3.4　删除工作表

用户应该及时删除不再使用的工作表。如果工作簿中只有一个工作表，则不能将其删除，因为工作簿中要至少包含一张工作表。删除工作表的操作步骤如下。

① 选择要删除的一张或多张工作表。

② 在"开始"选项卡的"单元格"选项组中，单击"删除"下方的箭头，然后选择"删除工作表"，如图 1-26 所示。

③ 如果被删除的工作表包含数据，则会弹出提示信息，单击"删除"按钮即可删除选定的工作表。

在要删除的工作表标签上单击鼠标右键，选择"删除"选项可以快速删除工作表。

1.3.5　冻结窗格

如果一张工作表中的行数或列数较多，在一个屏幕无法全部显示，用户希望在滚动工作表时始终可以显示标题行或关键列的内容，则可冻结窗格。其操作步骤如下。

① 选择要冻结的行或列分界线交叉点的单元格。

② 在"视图"选项卡的"窗口"选项组中，单击"冻结窗格"按钮，在图 1-27 所示的选项中进行选择。

图 1-26

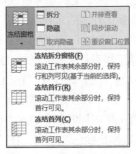

图 1-27

- 冻结拆分窗格：滚动工作表其余部分时，保持分界线左侧的列和上方的行可见。
- 冻结首行：滚动工作表其余部分时，保持首行可见。
- 冻结首列：滚动工作表其余部分时，保持首列可见。

冻结窗格后，"冻结拆分窗格"按钮选项自动变为"取消冻结窗格"。当需要取消冻结窗格时，选择"取消冻结窗格"选项即可。

1.3.6　打印工作表

在工作中，我们经常需要将工作表打印出来。为了避免盲目打印造成纸张浪费的现象，通常先对工作表进行打印设置，然后打印预览，对打印预览的效果满意后才打印工作表。

1．视图方式

在打印设置时需要使用不同的视图，主要有普通视图、分页预览视图、页面布局视图和自定义视图。在"视图"选项卡的"工作簿视图"选项组中，单击不同的视图按钮可进行视图的切换，如图 1-28 所示。

图 1-28

（1）普通视图。普通视图是 Excel 打开时的默认视图，用户可以在该视图中输入和编辑工作表，但是不能查看和设置页眉和页脚。

（2）分页预览视图。分页预览视图如图 1-29 所示。用户可以通过该视图了解打印时的分页位置，也可以在该视图中添加、删除和移动分页符的位置来定制在何处分页，默认的分页位置是按照每页相同设置的。

图 1-29

（3）页面布局视图。页面布局视图如图 1-30 所示，其中包括了页眉和页脚等。用户可以在该视图中添加和编辑页眉和页脚、通过标尺调整页边距等。

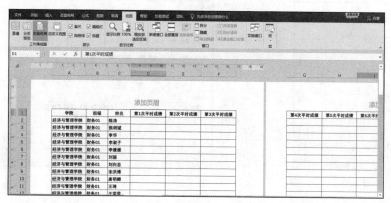

图 1-30

（4）自定义视图。用户可以在自定义视图中设置个性化视图效果，将一组打印设置为自定义视图应用于工作表。

2. 页面设置

Excel 具有默认的页面设置，用户可以直接打印。如果用户有特殊需要，可以重新设置页面。页面设置包括设置打印方向、缩放比例、纸张大小、页边距、页眉/页脚和打印标题等。

（1）页边距。页边距是指工作表数据与打印页面边线之间的空白，设置页边距的操作步骤如下。

① 在"页面设置"选项卡上单击"页边距"按钮，将列出三种常用的标准设置，分别是"常规""宽""窄"，如图 1-31 所示。如果用户有特殊需要，可以选择"自定义页边距"，或者单击"页面布局"选项卡右下角的扩展按钮。

② 在打开的"页面设置"对话框中的"页边距"选项卡中，分别设置上、下、左、右的边距和居中方式，如图 1-32 所示。

（2）页面。"页面设置"的"页面"选项卡，包含了方向、缩放、纸张大小等设置，如图 1-33 所示。方向可以选择"纵向"或"横向"。如果工作表所包含的列数较少，则使用纵向打印；如果工作表所包含的列数较多，则使用横向打印。纸张大小有"A4""B5"等选择；设置打印质量时，每英寸点数越大，打印的质量越好，但是打印耗时也越长。

图 1-31

图 1-32

（3）页眉和页脚。页眉是显示在每一页顶部的信息；页脚是显示在每一页底部的信息，通常包括页码等信息。如果用户需要设置个性化的页眉或页脚，则操作步骤如下。

① 在"页面设置"对话框中单击"页眉/页脚"选项卡。

② 在"页眉/页脚"选项卡中，单击"自定义页眉"按钮，将打开"页眉"对话框，在"左部""中部""右部"编辑框中输入希望显示的内容即可，如图 1-34 所示。

图 1-33

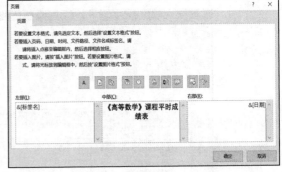

图 1-34

③ 打印预览的效果如图 1-35 所示。

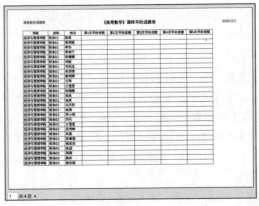

图 1-35

（4）打印标题。当工作表数据较多时，可能出现数据被打印在多张打印纸上的情况。为了方便用户查看数据，通常需要每一页都打印出标题行或指定列，其操作步骤如下。

① 在"页面布局"选项卡的"页面设置"选项组中，单击"打印标题"按钮。

② 打开"页面设置"对话框中的"工作表"选项卡，如图 1-36 所示。

视频 1-5　设置打印
标题

图 1-36

在"工作表"选项卡中可进行如下设置。

* 顶端标题行：设置行引用。例如，当工作表中记录行较多，可能会打印到多张打印纸上时，设置行引用为$1:$1 后，每页打印纸上第一行中均为标题"学院""班级"和"姓名"等，这样可以方便用户清楚知道每列数据所代表的具体含义。

* 从左侧重复的列数：设置列引用。例如，当工作表的列数较多，每列的数据可能会显示在不同打印纸中时，设置列引用为$A:$C 后，每页打印纸上都将包含第一列、第二列、第三列的内容。

* 网格线：勾选该复选框会打印网格线，使工作表更加清晰。

* 单色打印：对于设置了彩色的工作表，如果用户只需要打印出黑白效果，可以勾选该复选框进行打印。

* 错误单元格打印：选择下拉列表中的"<空白>"，则当工作表中数据有错误值时不被打印出来。

* 行和列标题：勾选该复选框，可以打印工作表的行号和列标。

提示

当用户需要为多张工作表进行相同的页面设置时，例如，相同的页眉、页边距，可以先按住【Ctrl】键逐一选中工作表标签，然后进行相关的页面设置，这样多张工作表将具有相同的页面设置。

（5）分页符。默认状态下，系统会根据纸张的大小、页边距等在工作表中自动插入分页符。用户也可以根据表中实际内容，手动添加、删除或移动分页符。其操作步骤如下。

视频 1-6　插入
分页符

① 在"视图"选项卡的"工作簿视图"选项组中，单击"分页预览"按钮，切换到"分页预览"视图。在该视图中，虚线指示 Excel 自动分页符的位置；实线表示手动分页符的位置。

② 执行下列操作之一。

* 插入水平或垂直分页符：选中一行或一列，单击鼠标右键，在弹出的快捷菜单中，选择"插入分页符"。

* 移动分页符：选中分页符将其拖曳到新的位置。自动分页符被移动后将变成手动分页符。

* 删除分页符：选中分页符将其拖曳到分页预览区域之外即可删除。

- 删除所有分页符：在任意一单元格中单击鼠标右键，在弹出的快捷菜单中，选择"重设所有分页符"。

③ 在"视图"选项卡的"工作簿视图"选项组中，单击"普通"按钮，返回普通视图状态。

还可以在"页面布局"选项卡的"页面设置"选项组中，单击"分隔符"按钮，在出现的列表中选择"插入分页符"选项。

3. 打印工作表

预览打印效果后就可以将数据打印到打印纸上。打印时根据实际需要选择要打印的内容。

（1）打印部分数据

① 设置打印区域。如果只需要打印工作表中的一部分数据，可以按照以下步骤操作。

a. 在工作表中选择要打印的单元格区域。

b. 在"页面布局"选项卡的"页面设置"选项组中，单击"打印区域"，然后再单击"设置打印区域"，则所选定的单元格区域被设置为打印区域。

c. 单击"文件"选项卡中的"打印"。

d. 在打开的"打印内容"对话框中，右侧显示打印预览效果，如图 1-37 所示，单击"打印"按钮。

② 取消打印区域，其操作步骤如下。

a. 单击要取消打印区域的工作表上的任意位置。

b. 在"页面布局"选项卡的"页面设置"选项组中，单击"打印区域"中的"取消打印区域"按钮。

（2）打印工作表和工作簿。如果要打印工作表或整个工作簿，则可以按照以下步骤操作。

① 单击要打印的工作表。

② 单击"文件"选项卡中的"打印"选项。

③ 在图 1-37 所示的页面中进行选择。

- 打印选定区域：仅打印当前选定的区域。
- 打印活动工作表：打印当前工作表内容。
- 打印整个工作簿：逐张打印工作簿中的工作表内容。
- 忽略打印区域：忽略已经选定的打印区域，打印工作表的全部内容。

需要注意的是，若打印一部分数据，则需要说明从第几页到第几页的范围，同时可以设置打印的份数。

如果需要将全部的数据打印在一页中，用户则可以设置缩放打印，单击"无缩放"选项，在图 1-38 所示的选项中选择缩放的类型。

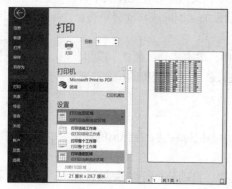

图 1-37

图 1-38

1.4　应用实例——学生成绩工作簿创建和打印

为了管理学生的成绩，首先要创建成绩工作簿，再打印和保存。

1. 创建新工作簿

创建一个名称是"高等数学成绩"的工作簿，并为该工作簿设置密码保护。操作步骤如下。

① 创建工作簿。通过 Windows "开始"菜单启动 Excel 2016，选择"空白工作簿"，如图 1-39 所示。

② 设置密码。单击"文件"选项卡的"信息"中的"保护工作簿"下拉列表中的"用密码进行加密"选项，如图 1-40 所示。在"加密文档"对话框中输入密码，在"确认密码"对话框中再次输入相同的密码，即可完成该工作簿的加密。

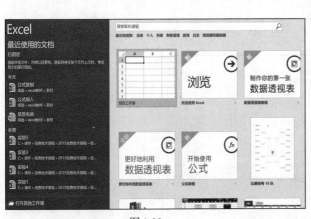

图 1-39

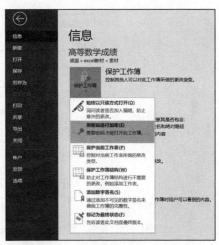

图 1-40

③ 保存工作簿。单击"保存"按钮，选择"另存为"，然后单击"浏览"，在打开的"另存为"对话框中，输入文件名"高等数学成绩"，即可保存该工作簿，如图 1-41 所示。

④ 打开工作簿。双击"高等数学成绩"工作簿文件，系统自动启动 Excel 2016，在打开的对话框中输入正确的密码即可打开工作簿文件，如图 1-42 所示。

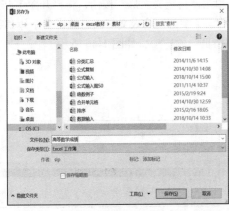

图 1-41

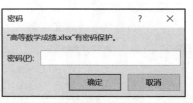

图 1-42

2. 打印学生的高等数学课程的平时成绩表

每页显示标题行以及前 3 列的信息；不同学院的学生打印在不同页中；需要有页眉和页码。操作步骤如下。

① 设置方向。由于平时成绩列数较多，适合采用"横向"页面。因此，在"页面"选项卡中，选择"横向"按钮。

② 设置页边距。因列数较多，可以减少左右边距值。在"页边距"选项卡中将左、右边距设置成 1 厘米。

③ 设置顶端标题行、左侧重复列。要求每页均显示标题行；一行的内容会分成两页打印，需要在每页显示第一列学院、第二列班级和第三列姓名。在"工作表"选项卡中，单击"顶端标题行"右侧的按钮 ，单击第一行，如图 1-43 所示，然后单击 按钮，完成顶端标题行的设置；采用类似操作完成"从左侧重复的列数"，选择 A～C 这 3 列在每页显示输出，并打印"网格线"，如图 1-44 所示。

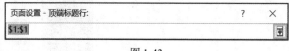

图 1-43

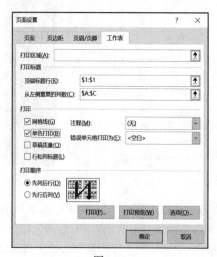

图 1-44

④ 设置页眉/页脚。在"页眉/页脚"选项卡中，单击"自定义页眉"按钮，将打开图 1-45 所示的对话框，在"左部"插入数据表名称（即工作表名称），"中部"输入文字信息并设置字体和字号，"右部"插入日期。页脚采用下拉列表中"第 1 页，共?页"的选项，如图 1-46 所示。

图 1-45

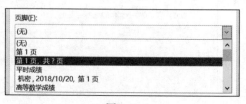

图 1-46

⑤ 插入分页符。如果需要将不同学院的学生打印在不同页中，则必须在合适位置插入分页符。在"视图"选项卡的"工作簿视图"选项组中，单击"分页预览"按钮，显示图 1-47 所示的分页预览效果。可以看出在第 1 页中出现了不同学院的学生，需要插入分页符。用鼠标单击"计算机学院"的第一个学生的行号，然后单击鼠标右键，在弹出的快捷菜单中选择"插入分页符"，此时的分页预览的效果如图 1-48 所示，可以看出"经济与管理学院"和"计算机学院"的学生将分别打印在第 1 页和第 2 页上。

图 1-47

图 1-48

1.5　实用技巧——工作表的快速操作

工作表的数据查找、打印和保存是常用的操作，相关的快捷操作有如下几种。

1. 查找数据

在当前工作表中，查找出包含"李"的单元格。

① 按下【Ctrl+F】组合键，打开"查找和替换"对话框。

② 在"查找内容"文本框中输入"李"，单击"查找全部"按钮后显示出查找到的全部单元格。结果如图 1-49 所示。

图 1-49

2. 打印工作表

打印当前工作表，其操作步骤如下。

① 按下【Ctrl+P】组合键，打开"打印"对话框，选择打印机和设置页面。

② 单击"打印"按钮即可。

结果如图 1-50 所示。

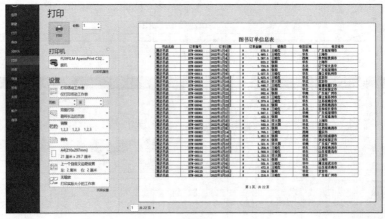

图 1-50

3. 保存工作簿

在编辑数据时可以随时按下【Ctrl+S】组合键，以实现工作簿文件的随时保存，防止突然掉电时数据丢失。

课堂实验

实验一　工作簿和工作表的操作方法

一、实验目的

1. 掌握 Excel 工作簿的创建、打开、保存等操作方法。

2. 掌握工作表的插入、移动、复制等操作方法。

二、实验内容

打开实验素材中的文件"实验 1-1.xlsx",按下列要求完成操作。

1. 将 Sheet1 工作表复制到 Sheet3 之后,将新工作表命名为"销售记录"。
2. 在 Sheet3 之后插入一张新工作表,并将新工作表命名为"Sheet4"。
3. 为每个工作表标签设计不同的标签颜色,颜色自定。
4. 新建一个空白工作簿,以"销售记录.xlsx"为名保存。
5. 将"实验 1-1.xlsx"工作簿中的 Sheet1 工作表移动到新建的"销售记录.xlsx"工作簿中。

实验二　打印工作表

一、实验目的

1. 掌握页面设置的方法。
2. 掌握插入分页符的方法。

二、实验内容

打开实验素材中的文件"实验 1-2.xlsx",在 Sheet1 工作表中,按下列要求完成操作。

(1)设置"横向"页面;页边距上下分别为 2.5、左右分别为 2.0、页眉和页脚均为 1.5;居中方式为"水平"。

(2)自定义页眉为"图书订单信息表",字体为"宋体、加粗、18 号大小";页脚为"第 1 页,共?页"的格式。

(3)每页都打印出第 1 行的标题,顶端标题行设置为"$1:$1";打印"网格线"。

(4)不同的书店需要分页打印,在适当位置"插入分页符"。打印预览可以看到有 22 页,其中第 1 页、第 3 页、第 8 页和第 16 页的效果如样例所示。

样例:

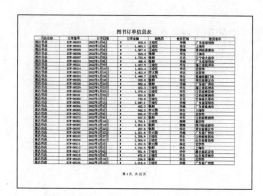

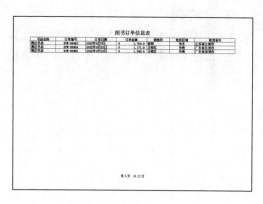

习　题

一、单项选择题

1. _____ 是 Excel 环境中存储和处理数据的最基本文件。
   A. 工作表文件　　　B. 工作簿文件　　　C. 图表文件　　　D. 表格文件

2. Excel 工作簿中_____。
   A. 只能有一张工作表　　　　　　　　B. 只能有一张工作表和一张图表
   C. 可以包括多张工作表　　　　　　　D. 只能有三张工作表，即 Sheet1、Sheet2、Sheet3

3. 工作表的列号、行号所指定的位置称为_____。
   A. 工作簿　　　B. 工作表　　　C. 单元格　　　D. 区域

4. Excel 窗口中，单元格内容可在_____中进行修改。
   A. 编辑栏　　　B. 内容框　　　C. 文本框　　　D. 数据框

5. 如果需要每页都打印出标题行的内容，则顶端标题行设置行引用正确的是_____。
   A. A1　　　B. $A:$A　　　C. $A:$1　　　D. $1:$1

二、判断题

1. 在 Excel 中，可同时打开多个工作簿。　　　　　　　　　　　（　　）
2. 同一个工作簿中工作表不能重名。　　　　　　　　　　　　　（　　）
3. 打印时的分页符是固定的，不能修改也不能删除。　　　　　　（　　）
4. Excel 中的工作簿是工作表的集合。　　　　　　　　　　　　（　　）
5. 每个 Excel 工作簿最多有三张工作表。　　　　　　　　　　　（　　）

三、简答题

1. 简述 Excel 的主要功能，举例说明工作与生活中使用 Excel 的示例。
2. 简述 Excel 中工作簿、工作表与单元格之间的关系。

第2章
数据输入与编辑

Excel 中输入单元格的数据类型主要包括：数值、文本、日期时间等。本章主要介绍了各种类型的数据输入与编辑、数据格式化方法以及获取外部数据方法等内容。

【学习目标】
- 掌握数值、文本和日期时间类型数据的输入方法。
- 掌握数据格式化的方法。
- 了解获取外部数据的方法。

2.1　数据输入

数据输入是基本的功能，用户掌握数据输入的方法和技巧，不仅可以保证数据的正确性，还能提高数据输入的效率。

2.1.1　手动输入数据

输入的数据有三种形式，即常量、公式和函数。其中，常量可以直接输入；公式和函数必须先输入 "=" 号。

单元格中的数据类型主要有数值型、文本型和日期时间型。

1．输入数值型数据

数值除了数字（0～9）组成的数字串，还包括正号（+）、负号（−）、百分号（%）、货币符号（￥、$）、小数点（.）、千位分隔符号（,）及科学记数符号（E、e）等。默认的情况下，输入的数值自动以右对齐方式显示。

输入数值可以按照如下步骤操作。

① 单击要输入数值型数据的单元格。

② 在该单元格中输入数值。当输入正数时，数字前面的正号 "+" 可以省略；当输入负数时，数字前面的负号 "−" 不可省略。

输入一些特殊数值型数据的说明如下。

（1）输入分数。在整数和分数之间必须有一个空格。例如，"12 3/4"；当分数小于 1 时，为了避免系统将输入的分数视为日期，可以在分数前面添加 "0" 和空格。例如，"0 1/3"，如果输入 "1/3"，则显示为 "1 月 3 日"。

（2）使用科学记数法。当输入很大或很小的数值时，将以科学记数法显示。例如，输入1234567890，显示为 1.23E+9。引用单元格内容进行计算时将以输入数值为准，而不以显示数值为准。

（3）使用千位分隔符。在数字间可以加入逗号作为千位分隔符。但是，如果加入的位置不符合千位分隔符的要求，系统将自动按照文本处理。

（4）超宽度数值的处理。当输入一个较长的数值时，系统显示"#####"，表示该单元格列宽不够，不足以容纳整个数值，此时适当增加列宽即可正确显示。

（5）超长数值的处理。数值的最大精度是 15 位有效数字，如果输入的一个纯整数超过 15 位，则系统会自动将 15 位之后的数字变成 0，例如，输入"123456789123456789"，单元格中的值将变成"123456789123456000"；如果输入的一个纯小数超过 15 位，则系统会自动将 15 位之后的舍去。例如，输入"0.123456789123456789"，单元格中的值是"0.123456789123456"；如果输入的一个包含整数和小数的数值，则其整数部分和小数部分总有效数字是 15 位，例如，输入 123456789.123456789，单元格中的值是 123456789.123456。

2. 输入文本型数据

Excel 文本型数据包括汉字、英文字母、空格、符号等，此外不需要进行计算的数字串也可以作为文本型数据来处理，如身份证号码、手机号码等。文本型数据不能用于数值计算，但可以比较大小。

输入文本型数据的操作步骤如下。

① 单击要输入文本的单元格。

② 输入文本内容，默认的情况下，输入的文本自动以左对齐方式显示。

输入一些特殊文本型数据的说明如下。

（1）数字作为文本型数据处理。在默认情况下，如果在单元格中输入数字，将会被识别为数值型数据，以零开头的数字串中的"0"将丢失，并采用右对齐的方式显示。使用三种方法可以将数字作为文本表示。

方法一：先输入一个单撇号"'"，然后输入数字串。例如，电话号码"01061880202"可以输入为"'01061880202"。

方法二：先输入一个等号，然后在数字串的前后加上双引号。例如"="01061880202""。

方法三：在"开始"选项卡的"数字"选项组中，单击"常规"下箭头，在下拉选项中选择"文本"，此时单元格中输入的数字将按照文本处理。

分别按照数值型数据与文本型数据的不同方式输入"01061880202"，数值是右对齐，最前面的 0 丢失；文本是左对齐，数字作为文本处理后，单元格的左上角会出现绿色三角标志，如图 2-1 所示。

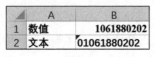

图 2-1

视频 2-1　数字作为
文本处理

（2）超长文本的处理。当输入的文本长度超过单元格宽度时，系统会按照以下两种情况分别进行处理。

① 如果该单元格右边单元格无内容，则该单元格显示的内容扩展到右边单元格，如图 2-2 所示。

② 如果该单元格右边单元格有内容，则该单元格中显示出一部分文本的内容，其余的文本被隐藏，但是文本的内容依然存于该单元格中，如图 2-3 所示。

图 2-2　　　　　　　　　　　　　　　　图 2-3

（3）文本自动换行。选中长文本的单元格，单击"开始"选项卡的"对齐方式"选项组中的"自动换行"按钮即可完成自动换行，将文本内容全部显示出来，如图 2-4 所示。

（4）文本强制换行。文本自动换行中每行的字符数会自适应列宽，如果用户需要按照文本语义控制换行的位置，则需要选中长文本的单元格后，将插入点定位到文本中需要强制换行的位置，按下【Alt+Enter】组合键插入换行符来实现定点换行。

例如，在图 2-4 中的 D2 单元格的每个分号之后，按下【Alt+Enter】组合键，将得到文本强制换行效果，如图 2-5 所示。

	A	B	C	D	E
1	班级	姓名	性别	备注	籍贯
2	财务01	陈涛	男	2018年获得国家级奖学金；担任系学生会主席；参加两项大学生创新活动。	河北省 保定市
3	财务01	侯明斌	男		
4	财务01	李华	女		
5	财务01	李淑子	女		

图 2-4

	A	B	C	D	E
1	班级	姓名	性别	备注	籍贯
2	财务01	陈涛	男	2018年获得国家级奖学金；担任系学生会主席；参加两项大学生创新活动。	河北省 保定市
3	财务01	侯明斌	男		
4	财务01	李华	女		
5	财务01	李淑子	女		

图 2-5

3. 输入日期和时间型数据

Excel 内置了一些日期和时间的格式，当单元格输入的数据与这些格式相匹配时，将按照日期或时间数据自动识别。输入日期和时间可以按照以下步骤操作。

① 单击要输入日期时间的单元格。

② 按下列方法输入日期和时间。

• 对于日期，使用斜线"/"或连字符"-"分隔日期的各部分。例如，输入"2023/10/1"或"2023-10-1"。若要输入当前日期，可按下【Ctrl+;】组合键。

• 对于时间，使用冒号":"分隔时间的各部分。例如，输入"10:08:50"。若要输入当前时间，可按下【Ctrl+Shift+:】组合键。

③ 若在一个单元格中同时输入日期和时间，可以使用空格来分隔。例如，输入"2023/10/1 10:08:50"。

④ 若需要动态更新日期和时间，可以使用 TODAY()函数或 NOW()函数，输入格式为"=TODAY()"或"= NOW()"。

默认的输入时间为 24 小时的时钟系统，如果需要采用 12 小时制，则需要在输入的时间后面输入一个空格后再输入"AM"或"PM"。

提示　　当单元格中输入的数据不符合格式时，无论是日期型还是时间型数据，都将被视为文本型数据处理。

【例 2-1】输入一个学生的基本信息，主要包括：学号、姓名、身份证号、性别、出生日期、院系、入学总分等。

① 学号、姓名、身份证号、性别、院系均为文本型。其中，姓名、性别、院系直接输入汉字即可；输入学号、身份证号时先输入一个单撇号"'"，然后输入数字串。例如，身份证号"100188199801018866"可以输入为"'100188199801018866"。如果数字串比较短，例如，学号为 4 位时，则可以直接输入数字，此时学号是数值型，可以在"开始"选项卡的"数字"选项组中，单击"常规"右侧的下箭头，在下拉选项中选择"文本"，此时单元格中输入的数字将按照文本处理；对于身份证号这样数字串比较长的情况则不能直接输入，因为系统会将其表示为科学记数法的形式并且超出 15 位精度，实际的数据为 100188199801018866，输入效果如图 2-6 所示。

图 2-6

② 入学总分是数值型数据，出生日期是日期时间型数据，可以直接输入，系统默认采用右对齐的方式，如图 2-7 所示。

图 2-7

③ F2 单元格中的汉字"计算机工程学院"没有全部显示的原因是 F 列宽度不够，此时可以加大 F 列的宽度；也可以单击"开始"选项卡中的"对齐方式"选项组中的"自动换行"按钮，其内容将分在三行显示，如图 2-8 所示。

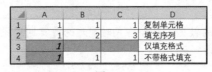

图 2-8

2.1.2　自动填充数据

1. 使用填充柄

填充柄是位于选定区域右下角的小黑方块。将鼠标指针指向填充柄时，鼠标的指针变成为黑十字形状。具体操作步骤如下。

① 选定输入了初始值的单元格或单元格区域。

② 按住鼠标左键拖曳填充柄经过需要填充数据的单元格，然后释放鼠标左键，出现"自动填充选项"🔲按钮。

③ 单击"自动填充选项"按钮，选择如下的选项，图 2-9 是初始值为 1 的不同填充效果。

	A	B	C	
1	1	1	1	复制单元格
2	1	2	3	填充序列
3	*1*			仅填充格式
4	*1*	1	1	不带格式填充

图 2-9

- 复制单元格：实现数据和格式的复制。
- 填充序列：实现数据按照序列的自动填充。
- 仅填充格式：只填充格式而不填充数据。
- 不带格式填充：只填充数据而不填充格式。

2. 使用"自动填充选项"

"自动填充选项"会随着填充的数据类型不同而变化。

例如，在 A2 单元格中输入日期"2018/3/1"，然后按下鼠标左键拖曳填充柄至 H2 单元格，将自动按照日期序列进行填充，如果按下"自动填充选项"🔲按钮，将显示出不同的日期填充选项，如

视频 2-2　自动填充选项

图 2-10（a）所示。如果分别选择"以工作日填充""以月填充""以年填充"，将得到不同的填充结果，如图 2-10（b）所示。

	A	B	C	D	E	F	G	H	I	J
1										
2	2018/3/1	2018/3/2	2018/3/3	2018/3/4	2018/3/5	2018/3/6	2018/3/7	2018/3/8		
3										

○ 复制单元格(C)
◉ 填充序列(S)
○ 仅填充格式(F)
○ 不带格式填充(O)
○ 以天数填充(D)
○ 以工作日填充(W)
○ 以月填充(M)
○ 以年填充(Y)

（a）

	A	B	C	D	E	F	G	H	I
1									
2	2018/3/1	2018/3/2	2018/3/5	2018/3/6	2018/3/7	2018/3/8	2018/3/9	2018/3/12	以工作日填充
3	2018/3/1	2018/4/1	2018/5/1	2018/6/1	2018/7/1	2018/8/1	2018/9/1	2018/10/1	以月填充
4	2018/3/1	2019/3/1	2020/3/1	2021/3/1	2022/3/1	2023/3/1	2024/3/1	2025/3/1	以年填充
5									

（b）

图 2-10

3. 产生填充序列

填充序列可以创建等差或等比序列的数据，具体操作步骤如下。

① 在待填充区域的第一个单元格中输入序列的初值。

② 选定整个填充区域。

③ 在"开始"选项卡的"编辑"选项组中，单击填充按钮 ▣，在出现的列表中选择"序列"。

④ 在打开的"序列"对话框中，选择序列产生在的行或列、类型、步长值和终止值。例如，A1 单元格的值为 3，填充区域为 A1:F1，采用"等比序列"类型，步长值为 5，单击"确定"按钮后产生的序列如图 2-11 所示。

【例 2-2】第一个学生的信息已经输入，要求自动填充后面 9 个学生的"学号"（学号是连续编号的），并将"院系"均填充为"计算机工程学院"。

① 选定 A2 单元格。用鼠标左键拖曳填充柄至 A11 单元格，然后释放鼠标左键。如果"学号"均为"1101"，则单击"自动填充选项"按钮，选择"填充序列"选项来实现数据按照序列的自动填充。

② 选定 F2 单元格。用鼠标左键拖曳填充柄至 F11 单元格，然后释放鼠标左键。填充效果如图 2-12 所示。

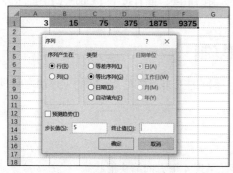

图 2-11

图 2-12

2.2 数据编辑

用户输入数据后，可以对单元格的数据进行修改、插入、删除、复制等编辑操作。

2.2.1 单元格与单元格区域的引用和选取

引用是单元格和单元格区域最常用的标识方法。

1. 单元格与单元格区域的引用

（1）单元格的引用。使用单元格的列字母和行数字即可实现单元格的引用。例如，C12 是引用了第 C 列和第 12 行交叉位置上的单元格。

（2）单元格区域的引用。引用单元格区域时，使用该区域左上角单元格的引用，加上冒号":"，再加上该区域右下角单元格引用。例如，B4:D8 是引用了从左上角单元格 B4 到右下角单元格 D8 的一个矩形区域中的多个单元格。

2. 单元格与单元格区域的选取

单元格的选取是常用操作，包括单个单元格的选取、整行和整列单元格区域的选取、多个连续单元格的选取、多个不连续单元格的选取、全部单元格的选取。

（1）单个单元格的选取。单击某个单元格，使该单元格成为活动单元格即可选取该单元格。除了用鼠标和键盘，用户还可以在名称框中输入单元格地址来选取单元格。

（2）整行和整列单元格区域的选取。

- 单击某一行的行数字可以选中整行单元格。单击某一行的行数字，按住鼠标左键向上或向下拖曳可以选中多行单元格区域。
- 单击某一列的列字母可以选中整列单元格。单击某一列的列字母，按住鼠标左键向左或向右拖曳可以选中多列单元格区域。

（3）多个连续单元格的选取。多个连续单元格即一个矩形区域，其常用的选取方法有以下两种：

方法一：拖曳鼠标可选取多个连续的单元格。

方法二：用鼠标单击要选取单元格区域的左上角单元格，在单元格区域的右下角按住【Shift】键再次单击鼠标，则选中一个矩形区域。

（4）多个不连续单元格的选取。用户可以先选取一个单元格或多个单元格区域，再按住【Ctrl】键，分别选择多个不连续的单元格或单元格区域即可。

（5）全部单元格的选取。单击工作表左上角的"全选"按钮，或者按下【Ctrl+A】组合键，可以选中整个工作表区域。

2.2.2 单元格与单元格区域的移动和复制

单元格或单元格区域中的内容可以在当前工作表内、不同的工作表之间、不同的工作簿之间进行移动或复制。

1. 当前工作表内的移动或复制

① 选中要移动或复制的单元格或单元格区域。

② 将鼠标指针指向选定单元格区域的边框，鼠标指针呈现 4 个方向箭头形状。

③ 按住鼠标左键，将选定对象拖曳到目的单元格即可实现移动操作；如果在拖曳的同时按住【Ctrl】键则可实现复制操作。

2. 不同的工作表之间、不同的工作簿之间的移动或复制

① 选中要移动或复制的单元格或单元格区域。

② 在"开始"选项卡的"剪贴板"选项组中，若移动，则单击"剪切"按钮；若复制，则单击"复制"按钮。

③ 选中目的单元格或单元格区域，若要将所选单元格移动或复制到其他工作表或工作簿中，可单击另一个工作表标签或切换至另一个工作簿。然后单击"粘贴"按钮即可完成移动或复制操作。

2.2.3　单元格与单元格区域的删除和清除

单元格与单元格区域的删除和清除是两个不同的操作。

1. 单元格与单元格区域的删除

删除单元格、行、列或单元格区域是指从工作表中移除这些单元格、行、列或单元格区域，并用周围的单元格来填充删除后的空缺。常用的删除方法有两种。

方法一：

① 选中需要删除的单元格或单元格区域。

② 单击鼠标右键，选择快捷菜单中的"删除"选项，打开"删除"对话框。

③ 在"删除"对话框中，选择删除后填补空缺单元格的移动方向，然后单击"确定"按钮，所选单元格或单元格区域将被删除，如图 2-13 所示。

方法二：

① 选中需要删除的单元格或单元格区域。

② 在"开始"选项卡"单元格"选项组中，单击"删除"按钮下方的下拉箭头按钮，则出现下拉列表，可选择"删除单元格""删除工作表行""删除工作表列"或"删除工作表"，如图 2-14 所示；如果单击"删除"按钮，则不出现下拉列表，直接删除。

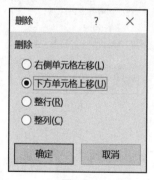

图 2-13

图 2-14

2. 单元格与单元格区域的清除

清除单元格或单元格区域是指清除单元格或单元格区域中的数据、公式、格式、批注或全部内容。清除后的单元格还保留在工作表中。常用的清除方法有两种。

方法一：

① 选中需要清除的单元格或单元格区域。

② 单击鼠标右键，选择快捷菜单中的"清除内容"选项，只删除内容，不删除格式。

方法二：

① 选中需要清除的单元格或单元格区域。

② 在"开始"选项卡的"编辑"选项组中，单击"清除"按钮，其下拉列表中主要包括以下选项。

- 全部清除：全部删除内容、格式等。
- 清除格式：只删除格式，不删除内容。
- 清除内容：只删除内容，不删除格式。
- 清除批注：只删除批注，不删除格式及内容。

2.2.4　插入行、列或单元格

插入行、列或单元格的操作步骤如下。

① 选取要插入行、列或空白单元格的位置，选取的数量应与需要插入的数量相同。

- 如果要插入 5 个空白单元格，则选取 5 个单元格。
- 如果要插入 5 行（或列），则选取 5 行（或列）。
- 如果要插入的行、列或空白单元格是不连续的，则可以按住【Ctrl】键，分别选择行、列或单元格。

② 在"开始"选项卡的"单元格"选项组中，单击"插入"按钮下方的下拉箭头按钮，则出现下拉列表，包括"插入单元格""插入工作表行""插入工作表列"和"插入工作表"。如果选择"插入单元格"，如图 2-15（a）所示，则打开如图 2-15（b）所示的"插入"对话框。还可以在所选的单元格上单击鼠标右键，然后选择快捷菜单上的"插入"，也可以打开"插入"对话框。

③ 在"插入"对话框中，可选择要移动周围单元格的方向。在工作表中插入单元格后，受插入影响的单元格中所有引用都会相应地自动做出调整。

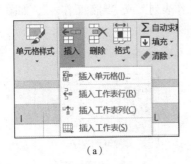

（a）

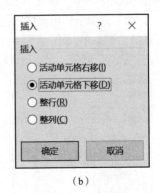

（b）

图 2-15

【例 2-3】在"学生表"的"院系"列后插入一列"班级"，并删除最后一行记录。

① 选中 G 列（入学总分）。

② 在"开始"选项卡的"单元格"选项组中，单击"插入"按钮旁的下拉箭头按钮，然后选择"插入工作表列"；或者在所选的 G 列单击鼠标右键，然后选择快捷菜单上的"插入"选项，也可以插入一列。

③ 插入一列后，在 G1 单元格中输入"班级"，效果如图 2-16 所示。

④ 选中第 11 行后单击鼠标右键，选择快捷菜单中的"删除"选项；或者在"开始"选项卡"单元格"选项组中，单击"删除"按钮。删除后结果如图 2-17 所示。

	A	B	C	D	E	F	G	H
1	学号	姓名	身份证号	性别	出生日期	院系	班级	入学总分
2	1101	李明	100188199801018866	女	1998/1/1	计算机工程学院		610
3	1102					计算机工程学院		
4	1103					计算机工程学院		
5	1104					计算机工程学院		
6	1105					计算机工程学院		
7	1106					计算机工程学院		
8	1107					计算机工程学院		
9	1108					计算机工程学院		
10	1109					计算机工程学院		
11	1110					计算机工程学院		

图 2-16

	A	B	C	D	E	F	G	H
1	学号	姓名	身份证号	性别	出生日期	院系	班级	入学总分
2	1101	李明	100188199801018866	女	1998/1/1	计算机工程学院		610
3	1102					计算机工程学院		
4	1103					计算机工程学院		
5	1104					计算机工程学院		
6	1105					计算机工程学院		
7	1106					计算机工程学院		
8	1107					计算机工程学院		
9	1108					计算机工程学院		
10	1109					计算机工程学院		
11								

图 2-17

2.2.5　批量删除空行

某些工作表中可能包含多个空行，逐一删除不仅费时费力，还可能会遗漏某些空行。将工作表中的空行进行批量删除的具体操作步骤如下。

① 选中包含空行的单元格区域，例如，图 2-18 所示的 A1:F10。

	A	B	C	D	E	F
1	学院	班级	姓名	性别	成绩	评定等级
2	经济与管理学院	财务01	陈涛	男	88	良好
3						
4						
5	经济与管理学院	财务01	侯明斌	男	84	良好
6						
7						
8						
9	经济与管理学院	财务01	李华	女	49	不及格
10	经济与管理学院	财务01	李淑子	女	98	优秀

图 2-18

视频 2-3　批量删除空行

② 在“开始”选项卡的“编辑”选项组中，单击“查找和选择”按钮，在下拉选项中选择“定位条件”。

③ 在打开的“定位条件”对话框中选择“空值”单选按钮，如图 2-19 所示。单击“确定”按钮，即可选中单元格区域中的全部空白单元格。

④ 在选中的单元格区域中单击鼠标右键，在弹出的快捷菜单中选择“删除”，将会打开“删除”对话框，选择“整行”。执行删除空行后的效果如图 2-20 所示，从图中可以看出所有空行已被全部删除。

图 2-19

	A	B	C	D	E	F
1	学院	班级	姓名	性别	成绩	评定等级
2	经济与管理学院	财务01	陈涛	男	88	良好
3	经济与管理学院	财务01	侯明斌	男	84	良好
4	经济与管理学院	财务01	李华	女	49	不及格
5	经济与管理学院	财务01	李淑子	女	98	优秀

图 2-20

2.3　数据格式化

用户在工作表中输入数据后，还需要对工作表中的数据进行必要的美化，以使数据易于识别和阅读。Excel中提供了丰富的格式化方法，用于美化工作表数据。

2.3.1　设置单元格格式

用户在工作表中输入数据后，需要对单元格的格式进行设置，可通过"开始"选项卡实现，如图2-21所示。

图2-21

1. 设置单元格字体

用户可以使用"开始"选项卡的"字体"选项组设置单元格的字体。

2. 设置单元格对齐方式

单元格对齐可以使数据更加美观，是常用的编辑操作。单元格对齐主要包括：水平对齐和垂直对齐。

方向是指单元格中内容的排列显示方向，默认为水平横排。在"开始"选项卡中的"对齐方式"选项组中，单击"方向"按钮 ，可以实现对单元格中内容的方向设置。

"自动换行"是用户经常使用的功能，当某个单元格中文字内容过多时，内容不能完全显示出来，设置"自动换行"后，内容可以全部显示。

3. 设置单元格中数字的格式

单元格中数字的格式是指单元格中存放的数字的数据类型或数据样式，有常规、数值、货币、会计专用、日期、时间、百分比、分数、科学记数、文本、特殊和自定义等。设置单元格中数字的格式的具体操作步骤如下。

① 选择要设置数字格式的单元格或单元格区域。

② 在"开始"选项卡的"数字"选项组中，提供了快捷设置单元格数字格式的按钮。例如，图2-22中显示了数值数据采用不同格式的效果。

	A	B	C	D	E
	原始数据	会计数据格式	百分比样式	增加小数位数	减少小数位数
	1234567.89	￥1,234,567.89	123456789%	1234567.890	1234567.9

图2-22

4. 设置单元格格式

设置单元格格式的具体操作步骤如下。

① 在"开始"选项卡的"字体""对齐方式"或"数字"选项组中，单击扩展按钮 ；或者在"开始"选项卡的"单元格"选项组中，单击"格式"按钮，在出现的列表中选择"设置单元格格式"选项，都可以打开"设置单元格格式"对话框。

② "设置单元格格式"对话框中有6张选项卡。

- 数字：设置单元格中的数字格式，如图 2-23 所示。
- 对齐：设置单元格中的文本对齐方式、文本控制、文字方向、方向（可以输入角度值），如图 2-24 所示。图 2-25 所示为文本采用不同对齐方式的效果。

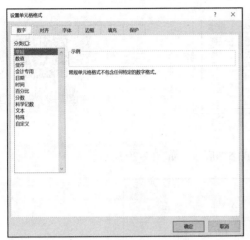

图 2-23

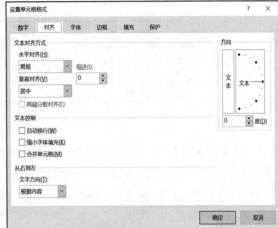

图 2-24

	A	B	C	D	E
1	水平居中对齐	垂直居中对齐	垂直文本	方向为45°文本	自动换行
2	计算机科学	计算机科学	计算机科学	计算机科学	计算机科学与技术

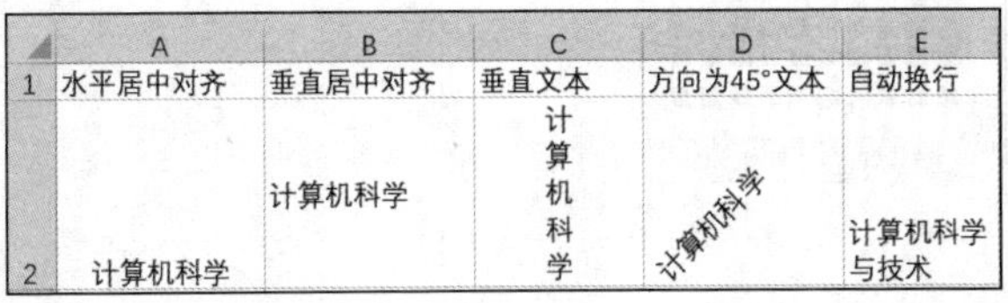

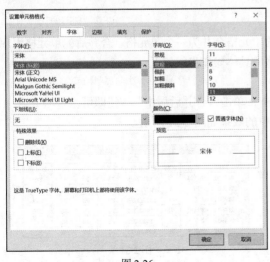

图 2-25

- 字体：设置单元格的字体、字形、字号、颜色等，如图 2-26 所示。
- 边框：在单元格或单元格区域的周围添加边框，如图 2-27 所示。首先选择“直线”的样式和颜色，然后再设置边框。

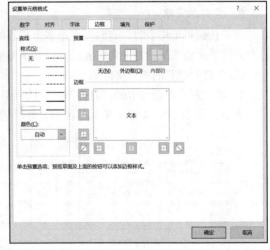

图 2-26

图 2-27

设置边框时，用户要按照边框的相对位置选中单元格区域。例如，图 2-28 中设置了三种不同的直线样式，具体操作步骤如下。

① 选中A1:H7单元格区域，选择直线样式为单实线，单击"外边框"按钮。

② 选中A1:H1单元格区域，选择直线样式为双实线，单击"下边框"按钮。

③ 选中A2:H7单元格区域，选择直线样式为虚线，单击"内部"按钮。

班级	姓名	性别	出生日期	高等数学	英语	物理	总成绩
财务01	宋洪博	男	1997/4/5	73	68	87	228
财务01	刘丽	女	1997/10/18	61	68	87	216
财务01	陈涛	男	1997/12/3	88	93	78	259
财务01	侯明斌	男	1999/1/1	84	78	88	250
财务01	李淑子	女	1999/3/2	98	92	91	281
财务01	李媛媛	女	1999/5/31	96	87	78	261

图 2-28

视频 2-4　设置边框

● 填充：使用单色或图案为单元格或单元格区域添加底纹，如图2-29所示。

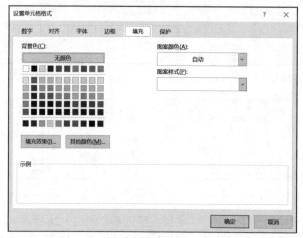

图 2-29

● 保护：完成单元格的锁定或隐藏。

5. 合并单元格

用户在编辑工作表时，有时需要把多个相邻的单元格合并为一个单元格。合并后的单元格引用是合并后单元格区域的左上角单元格。合并单元格的具体操作步骤如下。

① 选择要合并的单元格区域。

② 在"开始"选项卡的"对齐方式"选项组中，单击"合并后居中"按钮即可。

例如，图2-30中A1:H1单元格区域合并后居中的效果如图2-31所示。

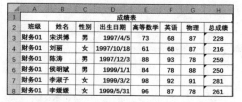

图 2-30　　　　　　　　　　　　　　　　　　　图 2-31

将多个包含内容的单元格合并后，只能有一个单元格的内容保留，其他单元格的内容将被删除。

6. 套用表格格式

Excel 提供了若干个表格格式模板供用户选择，具体操作步骤如下。

① 选择需要建立表格格式的单元格区域。

② 在 "开始" 选项卡的 "样式" 选项组中，单击 "套用表格格式" 按钮，出现若干表格格式模板，如图 2-32 所示。

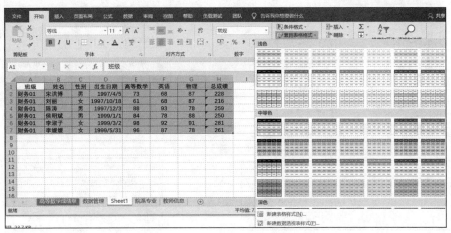

图 2-32

③ 将鼠标指针指向不同的格式模板上，可以预览样式效果。单击选定的格式模板，则确定套用的表格格式。

④ 在打开的 "套用表格式" 对话框中确定表数据的来源，例如，图 2-33 中 A1:H7 单元格区域。单击 "确定" 按钮得到图 2-34 所示的效果。

在 "套用表格格式" 列表下方，提供了 "新建表格样式" 选项，便于用户定制个性化的表格格式。

图 2-33

	A	B	C	D	E	F	G	H
1	班级	姓名	性别	出生日期	高等数学	英语	物理	总成绩
2	财务01	宋洪博	男	1997/4/5	73	68	87	228
3	财务01	刘丽	女	1997/10/18	61	68	87	216
4	财务01	陈涛	男	1997/12/3	88	93	78	259
5	财务01	侯明斌	男	1999/1/1	84	78	88	250
6	财务01	李淑子	女	1999/3/2	98	92	91	281
7	财务01	李媛媛	女	1999/5/31	96	87	78	261

图 2-34

2.3.2　设置条件格式

在编辑数据表格的过程中，有时需要将某些特定的数据用特别的方式显示出来，以便于识别。条件格式基于条件更改单元格区域的外观。如果条件为 "真"，则按照该条件设置单元格区域的格式；如果条件为 "假"，则不设置单元格区域的格式。使用条件格式可以达到的效果有：突出显示关注的单元格或单元格区域，使用数据条、色阶和图标集来直观地显示数据。

1. "突出显示单元格规则" 和 "项目选取规则"

"突出显示单元格规则" 和 "项目选取规则" 这两个选项是常用的条件格式。设置的具体操作步骤如下。

① 选择需要设置条件格式的单元格区域。

② 在"开始"选项卡的"样式"选项组中，单击"条件格式"按钮。

③ 在"条件格式"的下拉选项中，选择其中一种。

④ 单击某个选项，会弹出一个对话框，在对话框中设置相应的规则条件和符合条件的单元格格式，如图 2-35 所示。

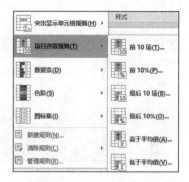

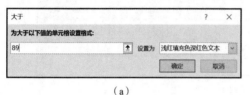

（a）

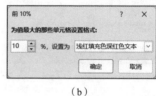

（b）

图 2-35

【例 2-4】将"英语"成绩高于 90 分的用"浅红填充色深红色文本"显示出来；将"总成绩"高于平均值的用绿色并加粗倾斜字形显示出来。

① 选择 F2:F7 的单元格区域。

② 在"开始"选项卡的"样式"选项组中，单击"条件格式"按钮。

视频 2-5 例 2-4

③ 在"条件格式"的下拉选项中，选择"突出显示单元格规则"选项中的"大于"。在弹出的"大于"对话框中输入"大于"的数值：90，然后在"设置为"下拉列表中选择"浅红填充色深红色文本"，如图 2-36 所示。

④ 选择 H2:H7 的单元格区域，在"条件格式"的下拉选项中，选择"项目选取规则"选项中的"高于平均值"，在弹出的"高于平均值"对话框中"自定义格式"进行设置，如图 2-37 所示。

图 2-36

图 2-37

设置后的效果如图 2-38 所示。

	A	B	C	D	E	F	G	H
1	班级	姓名	性别	出生日期	高等数学	英语	物理	总成绩
2	财务01	宋洪博	男	1997/4/5	73	68	87	228
3	财务01	刘丽	女	1997/10/18	61	68	87	216
4	财务01	陈涛	男	1997/12/3	88	93	78	259
5	财务01	侯明斌	男	1999/1/1	84	78	88	250
6	财务01	李淑子	女	1999/3/2	98	92	91	281
7	财务01	李媛媛	女	1999/5/31	96	87	78	261

图 2-38

2. "数据条""色阶""图标集"

这三个条件格式选项是通过在单元格背景中显示条形图、颜色和小图标来展示数据值的大小。这三个选项均只针对数值型数据，如图 2-39 所示。

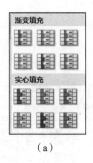

（a）

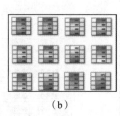

（b）

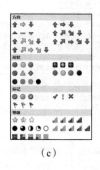

（c）

图 2-39

相关的说明如下。

- 数据条的长度代表单元格中数值型数据的值。数据条越长，表示值越高；数据条越短，表示值越低。

- 图标集可以按照阈值将数据分为 3～5 个类别，每个图标代表一个值的范围。

【例 2-5】将"高等数学"成绩以蓝色数据条形式显示出来。

① 选择 E2:E7 的单元格区域。

② 在"开始"选项卡的"样式"选项组中，单击"条件格式"按钮。

③ 在"条件格式"的下拉选项中，选择"数据条"中的"渐变填充"选项中的"蓝色数据条"。设置后的效果如图 2-40 所示。

	A	B	C	D	E	F	G	H
1	班级	姓名	性别	出生日期	高等数学	英语	物理	总成绩
2	财务01	宋洪博	男	1997/4/5	73	68	87	228
3	财务01	刘丽	女	1997/10/18	61	68	87	216
4	财务01	陈涛	男	1997/12/3	88	93	78	259
5	财务01	侯明斌	男	1999/1/1	84	78	88	250
6	财务01	李淑子	女	1999/3/2	98	92	91	281
7	财务01	李媛媛	女	1999/5/31	96	87	78	261

图 2-40

3. 新建格式规则

用户可以通过新建格式规则来设置数据的显示格式，设置的具体操作步骤如下。

① 选择需要设置条件格式的单元格区域。

② 在"开始"选项卡的"样式"选项组中，单击"条件格式"按钮。

③ 在"条件格式"的下拉选项中，选择"新建规则"。

④ 在打开的"新建格式规则"对话框中选择需要的规则类型，并设置单元格格式。

【例 2-6】将"物理"成绩高于平均值的成绩显示为红色倾斜字形。

① 选择 G2:G7 的单元格区域。

② 在"开始"选项卡的"样式"选项组中，单击"条件格式"按钮。

③ 在"条件格式"的下拉选项中，选择"新建规则"。

④ 在打开图 2-41 所示的"新建格式规则"对话框中选择规则类型为"仅对高于或低于平均值的数值设置格式"，在"编辑规则说明"中选择"高于"，单击"格式"按钮设置格式为红色并且倾斜的字形。

设置后的效果如图 2-42 所示。

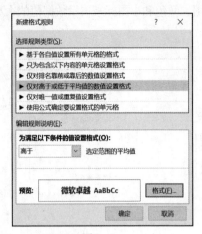

图 2-41

	A	B	C	D	E	F	G	H
1	班级	姓名	性别	出生日期	高等数学	英语	物理	总成绩
2	财务01	宋洪博	男	1997/4/5	73	68	87	228
3	财务01	刘丽	女	1997/10/18	61	68	87	216
4	财务01	陈涛	男	1997/12/3	88	93	78	259
5	财务01	侯明斌	男	1999/1/1	84	78	88	250
6	财务01	李淑子	女	1999/3/2	98	92	91	281
7	财务01	李媛媛	女	1999/5/31	96	87	78	261

图 2-42

4. 清除条件格式

当不需要突出显示数据时，可以清除条件格式，具体操作步骤如下。

① 选择需要清除条件格式的单元格区域。

② 在"开始"选项卡的"样式"选项组中，单击"条件格式"按钮。

③ 在"条件格式"的下拉选项中，选择"清除规则"中的"清除所选单元格的规则"选项即可，如图 2-43 所示。

图 2-43

如果要清除全部的条件格式，则无须先选择单元格区域，选择"清除规则"中的"清除整个工作表的规则"选项即可将设置的全部条件格式清除。

2.3.3 调整行高与列宽

在单元格中输入内容时，如果输入的内容过长，则部分内容不能显示出来。这时除了勾选"自动换行"复选框的方法，还可通过调整行高或列宽来解决，具体操作步骤如下。

① 选择要更改的行或列。

② 在"开始"选项卡的"单元格"选项组中，单击"格式"按钮。

③ 在图 2-44 所示的"单元格大小"下拉选项中，如果需要指定"行高"或"列宽"的值，则

选择"行高"或"列宽"选项，并输入数值，如图 2-45 所示；如果根据单元格的内容自动调整行高或列宽，则选择"自动调整行高"或"自动调整列宽"选项。

图 2-44　　　　　　　　　　　　　　　　　　　图 2-45

另一种快速调整行高和列宽的方法是用鼠标拖曳行号或列号之间的"边界"线，当鼠标指针变成带上下（左右）箭头的黑色横线（竖线）时，按下鼠标左键，拖曳鼠标就可以调整行高（列宽）。

　当增大单元格中的字体时，单元格会自动适应字号大小将行高增加到合适的高度；但当单元格中的数据超过了单元格的宽度时，单元格不会自动增加宽度。

2.3.4　使用单元格样式

用户可以选择使用系统预设的单元格样式，具体操作步骤如下。

① 选择要设置样式的单元格或单元格区域。

② 在"开始"选项卡的"样式"选项组中，单击"单元格样式"按钮，可打开"单元格样式"选项列表，如图 2-46 所示。用户根据需要选择合适的样式，当鼠标指针指向某个样式时，单元格会实时预览出应用该样式后的效果。用户也可以通过"新建单元格样式"选项自定义单元格样式，并保存以备今后使用。

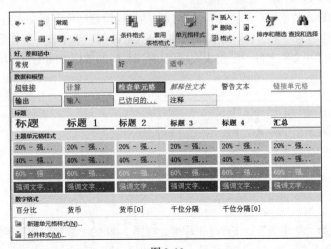

图 2-46

【例 2-7】为学生成绩表设置显示样式。

用户可以采用单元格样式快速实现。

① 设置第一行的单元格样式为标题 3。

② 设置 E2:G7 单元格区域的样式为"输入"。

③ 设置 H2:H7 单元格区域的样式为"计算"。

④ 在 E2:G7 单元格区域中，将 90 分（含 90 分）以上的单元格样式设置为"好"，将 70 分以下的单元格样式设置为"差"。

设置后的效果如图 2-47 所示。

	A	B	C	D	E	F	G	H
1	班级	姓名	性别	出生日期	高等数学	英语	物理	总成绩
2	财务01	宋洪博	男	1997/4/5	73	68	87	228
3	财务01	刘丽	女	1997/10/18	61	68	87	216
4	财务01	陈涛	男	1997/12/3	88	93	78	259
5	财务01	侯明斌	男	1999/1/1	84	78	88	250
6	财务01	李淑子	女	1999/3/2	98	92	91	281
7	财务01	李嫒嫒	女	1999/5/31	96	87	78	261

图 2-47

2.4　获取外部数据

在计算机系统中，不同软件的文件格式是不相同的。为了实现不同应用软件之间的数据资源共享，避免重新输入数据，用户可以使用数据导入功能，将其他文件格式的数据直接导入 Excel。

2.4.1　自文本文件导入数据

用户可以将文本文件中的数据导入 Excel 工作表进行数据处理，具体操作步骤如下。

① 在"数据"选项卡的"获取外部数据"选项组中，单击"自文本"选项，打开"导入文本文件"对话框。

② 选中存储数据的文本文件，单击"确定"按钮。

③ 在随后弹出的"文本导入向导"对话框（共 3 步）中，分别选择"分隔符号"、具体的分隔符、列数据格式等，然后单击"完成"按钮。

④ 在弹出的"导入数据"对话框中，选择数据的放置位置即可完成文本数据的导入。

【例 2-8】将文件名为"学生表"的文本文件导入 Excel 的"学生表"工作簿。

① 通过记事本打开文本文件"学生表"，可以看到每列的数据之间用"空格"分隔，如图 2-48 所示。

图 2-48

视频 2-6　导入文本文件

② 新建一个名为"学生表"的 Excel 工作簿，在图 2-49 的"数据"选项卡的"获取外部数据"选项组中，选择"自文本"选项，打开"导入文本文件"对话框。

图 2-49

③ 选择文本文件"学生表",单击"确定"按钮。

④ 在第 1 步对话框中,选择"分隔符号",如图 2-50 所示,单击"下一步"按钮。

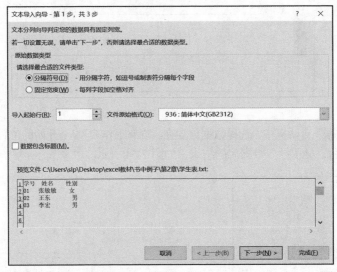

图 2-50

⑤ 在第 2 步对话框中,由于数据之间是以空格进行分隔的,所以"分隔符号"栏中选择"空格",如图 2-51 所示,单击"下一步"按钮。

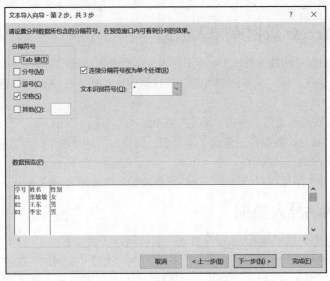

图 2-51

⑥ 第 3 步对话框中,将学号的"列数据格式"设置为"文本",如图 2-52 示,单击"完成"按钮。

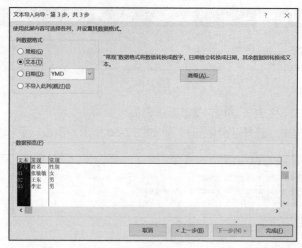

图 2-52

⑦ 在"导入数据"对话框中，选择数据放置在"现有工作表" A1 开始的位置，如图 2-53 所示。单击"确定"按钮后，显示导入数据后的结果，如图 2-54 所示。

图 2-53

图 2-54

2.4.2 自 Access 数据库导入数据

用户将 Access 数据库的数据导入 Excel 工作表也是经常使用到的功能，具体操作步骤如下。

① 在"数据"选项卡的"获取外部数据"选项组中，选择"自 Access"选项，打开"选取数据源"对话框。

② 选定 Access 数据库文件，单击"确定"按钮。

③ 如果导入的 Access 数据库中包含了多个表，则弹出"选择表格"对话框，在该对话框中选择需要的表格后单击"确定"按钮。

④ 在弹出的"导入数据"对话框中，选择数据放置的位置即可完成 Access 数据库的导入。

2.4.3 自网站导入数据

用户可以将网站中的数据导入 Excel 工作表，具体操作步骤如下。

① 在"数据"选项卡的"获取外部数据"选项组中，选择"自网站"选项。

② 在打开的"新建 Web 查询"页面中的"地址"栏中输入需要导入数据的网址，然后单击"转到"按钮，打开相应的网站。

③ 单击"导入"按钮，在"导入数据"对话框中确定数据存放位置后单击"确定"按钮，完成网站数据的导入。

2.5 应用实例——学生成绩表的格式化

学生成绩表的格式化，包括设置工作表的显示方式、标记工作表中的特殊数据等。

1. 格式化学生成绩表

（1）将学生成绩表中的全部数据居中显示，设置"出生日期"的显示格式，设置行高为20。

① 设置居中。选中整个数据区域。将"设置单元格格式"对话框的"对齐"选项卡中的"水平对齐"和"垂直对齐"均设置为"居中"。

② 显示"出生日期"的显示格式。选中"出生日期"列，设置其日期显示的格式，如图 2-55 所示。

③ 设置行高。选中整个数据区域。在"开始"选项卡的"单元格"选项组中，单击"格式"按钮，选择"行高"并输入数值"20"。

设置格式后的效果如图 2-56 所示。

图 2-55

	A	B	C	D	E	F	G	H
1	班级	姓名	性别	出生日期	高等数学	英语	物理	总成绩
2	财务01	宋洪博	男	1997年4月5日	73	68	87	228
3	财务01	刘丽	女	1997年10月18日	61	68	87	216
4	财务01	陈涛	男	1997年12月3日	88	93	78	259
5	财务01	侯明斌	男	1999年1月1日	84	78	88	250
6	财务01	李淑子	女	1999年3月2日	98	92	91	281
7	财务01	李媛媛	女	1999年5月31日	96	87	78	261

图 2-56

（2）采用图标集来表示"英语"成绩的高低情况：90～100 添加↑图标；70～89 添加➡图标；0～69 添加↓图标。

① 选择 F2:F7 的单元格区域，在"开始"选项卡的"样式"选项组中，单击"条件格式"按钮，在弹出的下拉列表中选择"图标集"下"方向"中的"三向箭头（彩色）"选项，为"英语"列自动添加箭头图标，如图 2-57 所示。其中，87 被添加了↑图标，显然与要求不一致，原因是默认的三个方向箭头含义为：≥67%表示为↑；≥33%且<66%表示为➡；<33%表示为↓。需要按照下面的步骤修改规则。

	A	B	C	D	E	F	G	H
1	班级	姓名	性别	出生日期	高等数学	英语	物理	总成绩
2	财务01	宋洪博	男	1997年4月5日	73	↓ 68	87	228
3	财务01	刘丽	女	1997年10月18日	61	↓ 68	87	216
4	财务01	陈涛	男	1997年12月3日	88	↑ 93	78	259
5	财务01	侯明斌	男	1999年1月1日	84	➡ 78	88	250
6	财务01	李淑子	女	1999年3月2日	98	↑ 92	91	281
7	财务01	李媛媛	女	1999年5月31日	96	↑ 87	78	261

图 2-57

② 选择 F2:F7 的单元格区域，在"开始"选项卡的"样式"选项组中，单击"条件格式"按钮，在弹出的下拉列表中选择"管理规则"选项，打开"条件格式规则管理器"对话框，如图 2-58 所示。

③ 单击"编辑规则"按钮，打开"编辑格式规则"对话框，把"图标"规则中最右侧的"类型"都修改为"数字"，然后修改三个图标对应的条件值，如图 2-59 所示。

图 2-58

图 2-59

设置后的效果如图 2-60 所示。

	A	B	C	D	E	F	G	H
1	班级	姓名	性别	出生日期	高等数学	英语	物理	总成绩
2	财务01	宋洪博	男	1997年4月5日	73	↓ 68	87	228
3	财务01	刘丽	女	1997年10月18日	61	↓ 68	87	216
4	财务01	陈涛	男	1997年12月3日	88	↑ 93	78	259
5	财务01	侯明斌	男	1999年1月1日	84	→ 78	88	250
6	财务01	李淑子	女	1999年3月2日	98	↑ 92	91	281
7	财务01	李媛媛	女	1999年5月31日	96	→ 87	78	261

图 2-60

2. 制作课程表

设计一张美观清晰的工作表，将工作表命名为"课程表"。

① 在 A1 单元格中输入"课程表"，在 B2 单元格中输入"星期一"，在 A3 单元格中输入"上午"，在 A7 单元格中输入"下午"，如图 2-61 所示。

② 选中 B2 单元格，拖曳填充柄自动填充 C2～F2 单元格的内容，如图 2-62 所示。

③ 选中 A1:F1 单元格区域，单击"开始"选项卡中的"合并后居中"按钮，将几个选中的单元格合并成一个，按照相同操作分别对 A3:A6 和 A7:A10 进行合并，合并后的效果如图 2-63 所示。

图 2-61

图 2-62

图 2-63

④ 设置边框线，选中 A1:F10 单元格区域，单击"开始"选项卡"字体"选项组中扩展按钮，在打开的"设置单元格格式"对话框中选择"边框"选项卡，如图 2-64 所示。先选择直线样式中的

实线，再单击"外边框"按钮，完成外边框的设置；然后选择直线样式中的虚线，再单击"内部"按钮，完成内边框的设置。完成后的课程表的效果如图 2-65 所示。

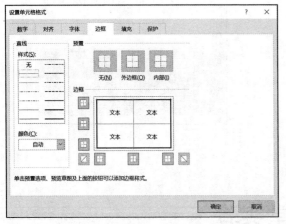

图 2-64

图 2-65

2.6 实用技巧——数据编辑的快捷操作

剪切、复制、粘贴和全选是数据编辑时常用的操作，使用相关的组合键可以提高操作效率。

1. 利用复制和粘贴组合键实现复制

复制组合键为【Ctrl+C】，粘贴组合键为【Ctrl+V】，操作步骤如下。

① 选中 B1:C7 单元格区域，按下复制组合键【Ctrl+C】。

② 将鼠标指针放置到 A9 单元格，按下粘贴组合键【Ctrl+V】即可完成数据的复制。

复制的结果如图 2-66 所示。

	A	B	C	D	E	F
1	班级	姓名	性别	高等数学	英语	物理
2	财务01	宋洪博	男	73	68	87
3	财务01	刘丽	女	61	68	87
4	财务01	陈涛	男	88	93	78
5	财务01	侯明斌	男	84	78	88
6	财务01	李淑子	女	98	92	91
7	财务01	李媛媛	女	96	87	78
8						
9	姓名	性别				
10	宋洪博	男				
11	刘丽	女				
12	陈涛	男				
13	侯明斌	男				
14	李淑子	女				
15	李媛媛	女				

图 2-66

2. 利用剪切和全选组合键实现移动

剪切组合键为【Ctrl+X】，全选组合键为【Ctrl+A】，操作步骤如下。

① 将鼠标指针放置到 A1:F7 单元格区域中任意单元格中，按下全选组合键【Ctrl+A】，可选中全部数据（特别适合数据量大的情况），如图 2-67（a）所示。

② 按下剪切组合键【Ctrl+X】剪切选中数据；将鼠标指针放置到 A9 单元格，按下粘贴组合键【Ctrl+V】即可完成数据的移动。

移动的结果如图 2-67（b）所示。

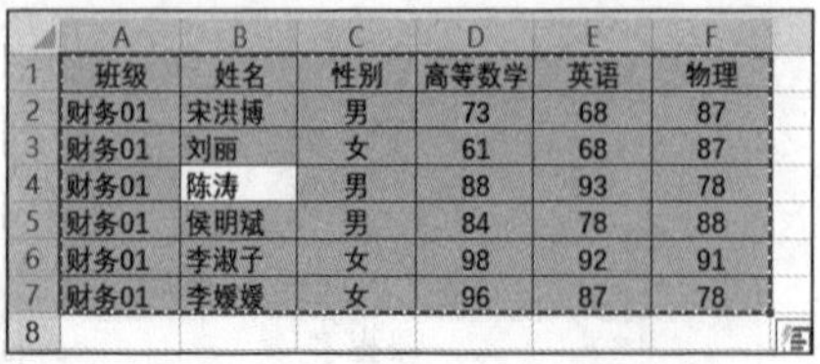

(a)

(b)

图 2-67

课堂实验

实验一 数据输入与编辑

一、实验目的

（1）掌握在单元格中输入数值、文本、日期时间等类型数据的方法。

（2）掌握数据的填充方法。

二、实验内容

（1）新建一个空白工作簿，命名为"实验 2-1.xlsx"。

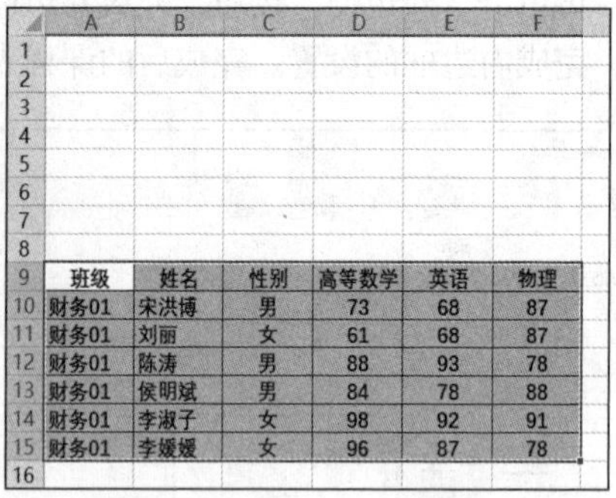

（2）在 Sheet1 工作表中，按下列要求完成操作。

① 在 A1 单元格中输入数值 75，把它填充到 B1 至 H1 单元格中；在 A2 单元格中输入数值 75，把它以递增方式填充到 B2 至 H2 单元格中；在 A3 单元格中输入数值 75，把它以递减方式填充到 B3 至 H3 单元格中；在 A4 单元格中输入数值 4，把它以递增 2 倍的等比序列向右填充，直至 512 为止。

② 在 A5 单元格中输入数值 0.00012583，显示为科学记数法，小数位数 2 位。在 C5 单元格中输入数值 2000，显示为人民币，用千位分隔符分隔，小数位数为 0 位。在 E5 单元格中输入数值 0.25，显示为百分比。在 G5 单元格中输入数值 2000，类型为文本。

③ 在 A6 单元格中输入文本 "75"，并把它复制到 B6 至 H6 单元格中。

④ 将该工作表重命名为"数值和文本型数据"。

样例：

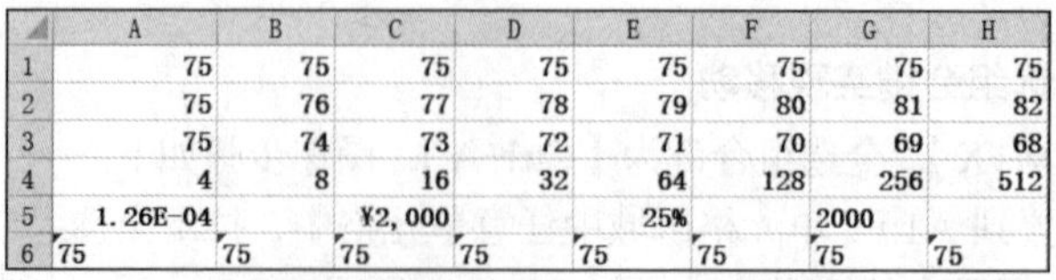

	A	B	C	D	E	F	G	H
1	75	75	75	75	75	75	75	75
2	75	76	77	78	79	80	81	82
3	75	74	73	72	71	70	69	68
4	4	8	16	32	64	128	256	512
5	1.26E-04		¥2,000		25%		2000	
6	75	75	75	75	75	75	75	75

（3）在 Sheet2 工作表中，按下列要求完成操作。

① 在 A1 单元格中输入日期 2023 年 10 月 1 日，把它填充到 B1 至 G1 单元格中；在 A2 单元格中输入日期 2023 年 10 月 1 日，以日递增方式填充到 B2 至 G2 单元格中；在 A3 单元格中输入日期

2023 年 10 月 31 日，以月递增方式填充到 B3 至 G3 单元格中。

　② 在 A4 单元格中输入时间 8:30 PM，以递增方式填充到 B4 至 G4 单元格中。

　③ 在 A5 单元格中输入日期 2023 年 10 月 1 日。在 C5 单元格中输入时间 2:30 PM，显示为 14:30。在 E5 单元格中输入自己的生日，显示为星期几（每个人的生日不同，显示的星期几也不同）。

　④ 将该工作表重命名为"日期时间型数据"。

样例：

	A	B	C	D	E	F	G
1	2023/10/1	2023/10/1	2023/10/1	2023/10/1	2023/10/1	2023/10/1	2023/10/1
2	2023/10/1	2023/10/2	2023/10/3	2023/10/4	2023/10/5	2023/10/6	2023/10/7
3	2023/10/31	2023/11/30	2023/12/31	2024/1/31	2024/2/29	2024/3/31	2024/4/30
4	8:30 PM	9:30 PM	10:30 PM	11:30 PM	12:30 AM	1:30 AM	2:30 AM
5	2023年10月1日		14:30		星期日		

实验二 数据格式化

一、实验目的

（1）掌握单元格格式的设置方法。

（2）掌握单元格条件格式的设置方法。

二、实验内容

（1）打开实验素材中的文件"实验 2-2.xlsx"，在 Sheet1 工作表中，按下列要求完成操作。

　① 将 A1 单元格的对齐方式设置为水平居中、垂直居中；将 B1 单元格的文本方向设置为竖直；将 C1 单元格的文本方向设置为倾斜 30°。

　② 将 D1 和 E1 单元格合并后水平居中；设置 A2 单元格为自动换行；为 B2 单元格添加斜线，并使文字处于斜线下方。

样例：

（2）打开实验素材中的文件"实验 2-2.xlsx"，在 Sheet2 工作表中，按下列要求完成操作。

　① 为 A1:F5 单元格区域添加边框，设置各行的行高为 20，并为第 1 行填充图案颜色为"白，背景 1，深色 25%"。

　② 在突出显示单元格规则中，将 B2:E5 单元格区域中小于 4.0 的数据自定义格式为"红色""加粗倾斜"。

　③ 设置 F2:F5 单元格区域的条件格式为"三个符号（有圆圈）"。

样例：

	A	B	C	D	E	F
1	销售员	第1季度客户满意度	第2季度客户满意度	第3季度客户满意度	第4季度客户满意度	客户满意度平均值
2	宋晓松	4.2	4.6	*3.9*	4.3	➊ 4.25
3	刘丽	4.6	4.5	4.8	4.6	✔ 4.63
4	陈涛	*3.8*	4	*3.9*	4.3	✘ 4.00
5	李明明	4.4	4.6	4.7	4.3	✔ 4.50

习　　题

一、单项选择题

1. 数值型数据的默认对齐方式是_____。
   A. 右对齐　　　　　B. 左对齐　　　　　C. 居中　　　　　D. 两端对齐

2. 文本型数据的默认对齐方式是_____。
   A. 右对齐　　　　　B. 左对齐　　　　　C. 居中　　　　　D. 两端对齐

3. 在 Excel 中，不连续单元格的选择，需要在按住_____键的同时选择所要的单元格。
   A. Ctrl　　　　　　B. Shift　　　　　C. Alt　　　　　D. Enter

4. 在 Excel 中，数据类型有数值、文本和_____。
   A. 日期时间　　　　B. 数组　　　　　C. 结构体　　　　D. 枚举

5. 在 Excel 中，数字串前若加_____，数字会被视为文本。
   A. %　　　　　　　B. 。　　　　　　C. #　　　　　　D. '

6. 在 Excel 中，通常在单元格内出现 "####" 符号时，表明_____。
   A. 显示的是字符串 "####"　　　　　B. 列宽不够，无法显示数值数据
   C. 数值溢出　　　　　　　　　　　D. 计算错误

7. 每个单元格都有唯一的编号，编号方法是_____。
   A. 数字+字母　　　B. 字母+字母　　　C. 行号+列号　　　D. 列号+行号

8. 在单元格中键入数据或公式后，如果单击按钮 "√"，则相当于按_____键。
   A. Delete　　　　　B. Esc　　　　　C. Enter　　　　D. Shift

9. 下列单元格区域的引用正确的是_____。
   A. A1~F6　　　　　B. A1-F6　　　　C. A1@F6　　　　D. A1:F6

10. 在单元格输入 4/5，则 Excel 认为是_____。
    A. 分数　　　　　　B. 日期　　　　　C. 小数　　　　　D. 表达式

二、判断题

1. 单元格的清除和删除操作完成相同的功能。　　　　　　　　　　　　　　　（　　）

2. 用户只能将文本文件中的数据导入 Excel 工作表，其他类型文件的数据不能导入 Excel 工作表。　　　　　　　　　　　　　　　　　　　　　　　　　　　　　　　　　　（　　）

3. 在 Excel 中，在单元格内输入 "1/2" 和输入 "0.5" 是一样的。　　　　　　　（　　）

4. 在 D2 单元格输入数值 123456789.123456789，则 D2 单元格存储的值是 123456789.123456。
   　　　　　　　　　　　　　　　　　　　　　　　　　　　　　　　　　　（　　）

5. 单元格中的文本方向可以采用不同角度的显示方式。　　　　　　　　　　　（　　）

三、简答题

1. 简述 Excel 的主要数据类型。
2. 简述复制单元格数据的操作过程。

第3章
公式

公式是工作表中进行数据计算的常用方法，用户可以使用公式进行数据计算，公式的计算结果会随着参与计算数据的变化而自动更新。本章主要介绍了公式的概念、公式的编辑、复制以及公式的审核等内容。

【学习目标】
- 掌握单元格的引用方法。
- 掌握公式的组成和公式的复制。
- 理解公式的审核。

3.1 公式的概念

工作表中有些数据是直接输入的，有些数据是计算得到的，公式就是对数据进行计算的操作。公式以等号"="开头，后面跟一个表达式，如"=2*B2+5"。

3.1.1 公式的组成

公式中的表达式是由常量、单元格引用、函数、运算符和括号构成的。

① 常量：直接输入公式的数字或文本，如数值 123 或文本"计算机"。
② 单元格引用：引用某一个单元格或单元格区域中的数据，如 B2 或 A2:D5。
③ 函数：Excel 提供的函数，如求和函数 SUM。
④ 运算符：连接公式中常量、单元格引用、函数的一些特定计算符号。
⑤ 括号：控制公式中的计算顺序。

公式中的运算符是连接其他元素的关键，常用的运算符有 4 种类型，如表 3-1 所示。

表 3-1   常用运算符表

类型	运算符	功能	应用举例
引用运算符	区域运算符（:）、联合运算符（,）	对单元格区域进行合并计算。将多个引用合并为一个引用	=SUM(A1:A2,D1:D2) 结果是 A1+A2+D1+D2 的和
算术运算符	加（+）、减（-）、乘（*）、除（/）、百分比（%）、乘方（^）	完成数学运算，运算结果为数值	=2^3 +6/2 结果是 11
文本运算符	文本连接运算符（&）	将一个或多个文本连接成一个文本	= "Hello" & "World" 结果是 "Hello World"
比较运算符	等于（=）、大于（>）、小于（<）、大于或等于（>=）、小于或等于（<=）、不等于（<>）	比较两个值之间的大小关系，运算结果为逻辑值 TRUE 或 FALSE	=5>3 结果是 TRUE

运算符有不同的优先级，当公式中同时用到多个运算符时，按照其优先级的顺序进行计算。

运算符的优先级为：引用运算符>算术运算符>文本运算符>比较运算符，即引用运算符优先于算术运算符，算术运算符优先于文本运算符，文本运算符优先于比较运算符。

例如：

公式1：=5>3+6

先计算3+6，结果为9；然后再计算5>9，结果为FALSE。

公式2：=(5>3)+6

先计算括号内的5>3，结果为TRUE（即1）；然后再计算1+6，结果为7。

逻辑值与数值的关系是：TRUE等价于1；FALSE等价于0。

3.1.2 单元格引用

单元格引用是公式的组成部分之一，其作用在于标识工作表中的单元格或单元格区域，并指明公式中所使用数据的位置。

默认情况下，使用A1引用样式，此样式引用字母标识列和数字标识行。若要引用某个单元格，可以输入列号和行号。例如，B2是引用B列和第2行交叉处的单元格。

1. 相对引用

单元格相对引用的格式为：列号行号。例如，A1。如果公式所在单元格的位置改变，引用也随之改变。如果多行或多列复制公式，引用会自动调整。默认情况下，公式中使用相对引用。

【例3-1】在单元格A1和A2中分别输入"Word"和"Excel"。在单元格B2中输入公式"=A1"，将单元格B2的公式复制到单元格B3，效果如图3-1所示。当显示公式本身时，可以看到，单元格B2中的相对引用复制到单元格B3时，单元格B3的内容自动从"=A1"调整为"=A2"，如图3-2所示。

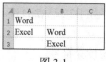

图3-1

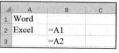

图3-2

2. 绝对引用

单元格绝对引用的格式为：$列号$行号。例如，$A$1。绝对引用总是引用指定位置的单元格。如果公式所在单元格的位置改变，绝对引用保持不变。如果多行或多列复制公式，绝对引用将不做调整。

【例3-2】在单元格A1和A2中分别输入"Word"和"Excel"。在单元格B2中输入公式"=$A$1"，将单元格B2的公式复制到单元格B3，效果如图3-3所示。当显示公式本身时，可以看到，单元格B2中的绝对引用复制到单元格B3时，单元格B3的内容与B2的内容一样，即都是"=$A$1"，如图3-4所示。

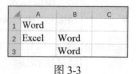

图3-3

图3-4

3. 混合引用

单元格混合引用的格式为：$列号行号（绝对列和相对行）或者列号$行号（相对列和绝对行）。例如，$A1、A$1。如果公式所在单元格的位置改变，则相对引用部分改变，而绝对引用部分不变。如果多行或多列复制公式，相对引用自动调整，而绝对引用不做调整。

【例 3-3】在单元格 A1 和 B1 中分别输入"Word"和"Excel"。在单元格 B2 中输入公式"=A$1"，将单元格 B2 的公式复制到单元格 C3 中，效果如图 3-5 所示。当显示公式本身时，可以看到，单元格 B2 中的混合引用复制到单元格 C3 时，单元格 C3 的行值"1"不变，列值由"A"调整到"B"，公式"=A$1"调整为"=B$1"，如图 3-6 所示。

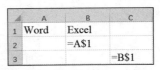

图 3-5   图 3-6

提示

【F4】键是引用方式转换的快捷键。连续按下【F4】键，会按照相对引用→绝对引用→相对列绝对行→绝对列相对行→相对引用→…循环变化。

4. 外部引用

（1）引用不同工作表中的单元格。如果需要引用同一工作簿中其他工作表中的单元格数据，则需要在单元格前加上工作表的名称和感叹号"!"。

引用的格式为：=工作表名称!单元格引用。

例如，需要绝对引用工作表名为"Sheet1"中的 A2 单元格，则输入的公式为"=Sheet1!$A$2"。

（2）引用不同工作簿中的单元格。如果需要引用不同工作簿中某一工作表的单元格，则需要包含工作簿的名称。

引用的格式为：=[工作簿名称]工作表名称!单元格引用。

【例 3-4】当前工作簿中 B2 单元格的值来自工作簿名为"高等数学成绩.xlsx"的工作表 Sheet1 中的 A2 单元格的内容。

① 首先打开被引用的工作簿（高等数学成绩.xlsx）。

② 切换到当前工作簿，选中需要输入公式的单元格 B2，首先输入等号（=），然后单击"高等数学成绩"工作簿中 Sheet1 工作表中的 A2 单元格，生成的公式为"=[高等数学成绩.xlsx] Sheet1!$A$2"。表示当前的 B2 单元格绝对引用了"高等数学成绩.xlsx"工作簿中 Sheet1 工作表中的 A2 单元格数据（"财务 01"），结果如图 3-7 所示。

图 3-7

5. 三维引用

如果需要引用同一工作簿中多个工作表上的同一个单元格的数据，可以采用三维引用的方式。使用引用运算符":"指定工作表的范围。

三维引用的格式为：工作表名称 m:工作表名称 n!单元格引用。

例如，Sheet1: Sheet3!B2、Sheet2:Sheet5!B2:G6。

【例 3-5】计算 Sheet1～Sheet4 这四个工作表中 A1 单元格的值总和，存入 Sheet5 的 A1 单元格。

图 3-8 中的（a）～（d）对应 Sheet1～Sheet4，在 Sheet5 的 A1 单元格中输入公式 "=SUM(Sheet1:Sheet4!A1)"。表示计算 Sheet1、Sheet2 、Sheet3 和 Sheet4 这四个工作表中 A1 值的总和，如图 3-8（e）所示。

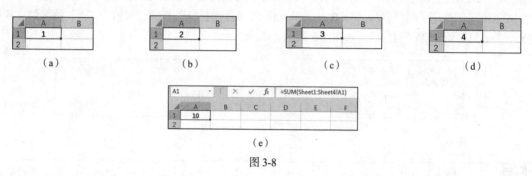

图 3-8

3.2 公式编辑

使用公式计算数据时，首先要输入公式，如果计算出的结果不正确，可以编辑和修改公式直到结果正确。

3.2.1 手动输入公式

手动输入公式是将公式中的全部内容通过键盘输入，具体操作步骤如下。

① 在需要输入公式的单元格中，输入等号 "="。

② 输入公式表达式。公式表达式通常由单元格引用、常量、函数、运算符和括号组成。

③ 公式输入完毕后，按【Enter】键完成输入；或者单击编辑栏上的按钮✓完成输入。

公式输入结束后，包含公式的单元格内会显示公式的计算结果；而公式本身则显示在编辑栏中。当单元格引用的内容发生变化时，公式的计算结果也会随之自动变化。

【例 3-6】计算圆面积和周长，计算结果保留 2 位小数。

根据 B2 单元格的圆半径值，计算 B3 单元格的圆面积值和 B4 单元格的圆周长值。

① 在 B3 单元格中输入计算圆面积的公式 "=3.14*B2^2"，其中 B2^2 表示半径的平方。

② 在 B4 单元格中输入计算圆周长的公式 "=3.14*B2*2"。

③ 将 B3 和 B4 单元格格式的小数位数设置为 "2"。结果如图 3-9 所示。

④ 改变 B2 单元格的值，B3 和 B4 单元格中公式的计算结果自动更新，如图 3-10 所示。

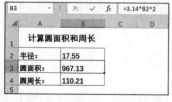

图 3-9

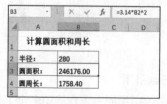

图 3-10

公式必须以"="开始，否则公式将被识别为一个文本。

单元格中显示公式计算结果，编辑栏中显示公式表达式。

3.2.2　单击单元格输入公式

除了手动输入公式，用户也可以通过单击单元格的方法来快速输入公式中的单元格引用，具体操作步骤如下。

① 在需要输入公式的单元格中，输入等号"="。

② 输入公式表达式。当需要输入单元格引用时，鼠标单击单元格，则该单元格引用自动输入公式表达式。

③ 公式输入完毕后，按【Enter】键；或者单击编辑栏上的按钮✓完成输入。

公式表达式中的常量和运算符仍需要手动输入。

例如，在 D2 单元格中输入等号"="；然后单击 B2 单元格，该单元格引用自动添加到公式中；输入文本连接符"&"；然后单击 C2 单元格，该单元格引用自动添加到公式中，此时生成的公式为"= B2&C2"；按【Enter】键即可在 D2 单元格中显示出公式的结果"计算机工程"，如图 3-11 所示。

图 3-11

【例 3-7】计算总成绩。

① 在 H2 单元格中，输入等号"="。

② 输入公式表达式。在 H2 单元格中直接输入公式"= E2+F2+G2"后按【Enter】键，结果如图 3-12 所示。

班级	姓名	性别	出生日期	高等数学	英语	物理	总成绩
财务01	宋洪博	男	1997/4/5	73	68	87	228
财务01	刘丽	女	1997/10/18	61	68	87	
财务01	陈涛	男	1997/12/3	88	93	78	
财务01	侯明斌	男	1999/1/1	84	78	88	
财务01	李淑子	女	1999/3/2	98	92	91	
财务01	李媛媛	女	1999/5/31	96	87	78	

图 3-12

视频 3-2　例 3-7

H2 单元格中显示了公式的计算结果，即 73+68+87=228，如果参与公式计算的任意单元格中内容发生变化，例如，E2 单元格的数值由 73 变成 93，则 H2 单元格的总成绩会自动随之改变为如图 3-13 所示的 248，这就是公式计算的优点。

班级	姓名	性别	出生日期	高等数学	英语	物理	总成绩
财务01	宋洪博	男	1997/4/5	93	68	87	248
财务01	刘丽	女	1997/10/18	61	68	87	
财务01	陈涛	男	1997/12/3	88	93	78	
财务01	侯明斌	男	1999/1/1	84	78	88	
财务01	李淑子	女	1999/3/2	98	92	91	
财务01	李媛媛	女	1999/5/31	96	87	78	

图 3-13

【例 3-8】在学生工作表中，添加一列"单位"。该列的内容由"学院""专业"和"班级"这三列的内容组成。

① 在 G2 单元格中输入等号"="；然后单击 A2 单元格，该单元格引用自动添加到公式中；输入文本连接符"&"；然后单击 B2 单元格，该单元格引用自动添加到公式中；输入文本连接符"&"；然后单击 C2 单元格，该单元格引用自动添加到公式中，此时生成的公式为"=A2&B2&C2"；或者在 G3 单元格中直接输入公式"=A3&B3&C3"。

② 按【Enter】键完成公式的输入。

结果如图 3-14 所示。

	A	B	C	D	E	F	G
1	学院	专业	班级	姓名	性别	出生日期	单位
2	经济与管理学院	财务管理	财务01	宋洪博	男	1997/4/5	经济与管理学院财务管理财务01
3	计算机学院	软件工程	计算01	陈涛	男	1998/5/12	计算机学院软件工程计算01

图 3-14

3.3　公式复制

多数情况下，某列或某行会采用相同的计算方法，不需要逐列或逐行手动输入公式，因此，用户可以通过复制公式的方法来快速完成公式的输入。

3.3.1　复制公式

复制公式有两种方法：自动填充或使用"复制与粘贴"。

1. 自动填充的方法复制公式

① 选择需要复制公式的单元格。

② 将鼠标指针放置到选中单元格右下方填充柄处，当鼠标指针变成黑十字形状时，按下鼠标左键拖曳至所需要的单元格处释放鼠标左键，如图 3-15 所示。当数据行较多时，可以双击填充柄将自动复制公式至最后一行。

	A	B	C	D	E	F	G	H
1	班级	姓名	性别	出生日期	高等数学	英语	物理	总成绩
2	财务01	宋洪博	男	1997/4/5	73	68	87	228
3	财务01	刘丽	女	1997/10/18	61	68	87	216
4	财务01	陈涛	男	1997/12/3	88	93	78	259
5	财务01	侯明斌	男	1999/1/1	84	78	88	250
6	财务01	李淑子	女	1999/3/2	98	92	91	281
7	财务01	李媛媛	女	1999/5/31	96	87	78	261

视频 3-3　复制公式

图 3-15

用户在复制公式时，通常使用的是单元格的相对引用格式。例如，H2 单元格中的公式为"=E2+F2+G2"，当复制公式到 H3 单元格时，其公式自动变成"=E3+F3+G3"，结果为 216。

如果使用单元格的绝对引用格式，在 H2 单元格中的公式为"=$E$2+$F$2+$G$2"；当复制公式到 H3 单元格时，其公式仍然是"=$E$2+$F$2+$G$2"，如图 3-16 所示，结果为 228，显然是不正确的。

在该例中，公式的复制是在 H 列的不同行之间进行的，即列不变（绝对列）、行改变（相对行），所以也可以采用单元格的混合引用格式，即在 H2 单元格中"=$E2+$F2+$G2"，当用户复制公式时，列不变，行会变化。结果正确，如图 3-17 所示。

	H2		×	✓	fx	=$E$2+$F$2+$G$2
	A	B	C	D	E	F	G	H
1	班级	姓名	性别	出生日期	高等数学	英语	物理	总成绩
2	财务01	宋洪博	男	1997/4/5	73	68	87	228
3	财务01	刘丽	女	1997/10/18	61	68	87	228
4	财务01	陈涛	男	1997/12/3	88	93	78	228
5	财务01	侯明斌	男	1999/1/1	84	78	88	228
6	财务01	李淑子	女	1999/3/2	98	92	91	228
7	财务01	李媛媛	女	1999/5/31	96	87	78	228

图 3-16

	H2		×	✓	fx	=$E2+$F2+$G2
	A	B	C	D	E	F	G	H
1	班级	姓名	性别	出生日期	高等数学	英语	物理	总成绩
2	财务01	宋洪博	男	1997/4/5	73	68	87	228
3	财务01	刘丽	女	1997/10/18	61	68	87	216
4	财务01	陈涛	男	1997/12/3	88	93	78	259
5	财务01	侯明斌	男	1999/1/1	84	78	88	250
6	财务01	李淑子	女	1999/3/2	98	92	91	281
7	财务01	李媛媛	女	1999/5/31	96	87	78	261

图 3-17

2. 使用"复制与粘贴"的方法复制公式

通过"复制与粘贴"操作也可以复制公式。在复制公式时，单元格引用会根据不同的引用类型而变化，具体操作步骤如下。

① 选择需要复制公式的单元格（即源单元格）。

② 在"开始"选项卡的"剪贴板"选项组中，单击"复制"按钮。

③ 选择目标单元格，单击"粘贴"按钮即可复制公式及格式；如果单击"粘贴"按钮下方箭头，将出现图 3-18 所示的"图标"按钮选项，其中常用的粘贴图标按钮选项含义如表 3-2 所示。

图 3-18

表 3-2　　常用的粘贴图标按钮选项及含义

图标按钮	选项	含义
	粘贴	粘贴公式和所有格式，是默认的常规粘贴方式
fx	公式	只粘贴公式，不保留格式、批注等内容
%fx	公式和数字格式	只粘贴公式，保留数字格式
	保留源格式	粘贴源公式并保留源单元格区域的格式
	无边框	粘贴源单元格区域中除了边框以外的所有内容
	保留源列宽	粘贴到的目标单元格的列宽设置与源单元格列宽相同
	转置	源单元格区域中的行粘贴后成为列，列成为行
123	值	只粘贴数值、文本及公式的运算结果，不保留公式、格式等内容
%123	值和数字格式	粘贴公式的值和数字格式
%	格式	只粘贴格式，包含条件格式

图 3-19 显示了将 C1 单元格分别使用不同的粘贴图标按钮选项复制到单元格 C2、C3 和 C4 的效果。C2 单元格中选择了"粘贴"，则复制了 C1 单元格的公式和格式，其中公式变成了"=A2+B2"，计算出了 86+90 的结果为 176，格式与 C1 单元格相同；C3 单元格中选择了"公式"，则仅复制了 C1 单元格的公式，其中公式变成了"=A3+B3"，计算出了 78+85 的结果为 163，不复制 C1 单元格的加粗字体格式；C4 单元格中选择了粘贴"值"，仅复制了 C1 单元格的数值 152，不复制公式本身。

当公式中包含引用单元格时，一旦引用的单元格被删除，则公式中计算的单元格不存在了，所以计算的结果可能显示出错信息。例如，计算出了"总成绩"后再删除"高等数学"列，则此时"总成绩"列显示出"#REF!"，如图 3-20 所示，该错误值表示公式中引用了无效的单元格，原因是引用的单元格已被删除。

	A	B	C	D
	67	85	152	
1				
2	86	90	176	粘贴
3	78	85	163	公式
4	90	81	152	粘贴值

C1 ▼ f_x =A1+B1

图 3-19

	A	B	C	D	E	F	G
1	班级	姓名	性别	出生日期	英语	物理	总成绩
2	财务01	宋洪博	男	1997/4/5	68	87	#REF!
3	财务01	刘丽	女	1997/10/18	68	87	#REF!
4	财务01	陈涛	男	1997/12/3	93	78	#REF!
5	财务01	侯明斌	男	1999/1/1	78	88	#REF!
6	财务01	李淑子	女	1999/3/2	92	91	#REF!
7	财务01	李媛媛	女	1999/5/31	87	78	#REF!

图 3-20

解决方法是将原来的"总成绩"列复制到 I 列后，在单元格 I1 中选择粘贴"值"，如图 3-21 所示，然后删除 E~H 列，因为粘贴的是值，所以删除 E~H 列后对"总成绩"列没有影响，结果如图 3-22 所示。

	A	B	C	D	E	F	G	H	I
1	班级	姓名	性别	出生日期	高等数学	英语	物理	总成绩	总成绩
2	财务01	宋洪博	男	1997/4/5	73	68	87	228	228
3	财务01	刘丽	女	1997/10/18	61	68	87	216	216
4	财务01	陈涛	男	1997/12/3	88	93	78	259	259
5	财务01	侯明斌	男	1999/1/1	84	78	88	250	250
6	财务01	李淑子	女	1999/3/2	98	92	91	281	281
7	财务01	李媛媛	女	1999/5/31	96	87	78	261	261

图 3-21

	A	B	C	D	E
1	班级	姓名	性别	出生日期	总成绩
2	财务01	宋洪博	男	1997/4/5	228
3	财务01	刘丽	女	1997/10/18	216
4	财务01	陈涛	男	1997/12/3	259
5	财务01	侯明斌	男	1999/1/1	250
6	财务01	李淑子	女	1999/3/2	281
7	财务01	李媛媛	女	1999/5/31	261

图 3-22

当需要将行、列互换时，用户可以选择粘贴图标按钮选项中的"转置"选项，具体操作步骤如下。

① 选中 B1:B7 单元格区域，按下【Ctrl】键同时选中 E1:G7 单元格区域。

② 在图 3-23 所示的"选择性粘贴"对话框中，勾选"转置"复选框，则可以将选中单元格区域的行、列进行互换，结果的单元格区域为 A11:G14，如图 3-24 所示。转置后，行是课程信息，列是学生成绩信息。

图 3-23

	A	B	C	D	E	F	G	H
1	班级	姓名	性别	出生日期	高等数学	英语	物理	总成绩
2	财务01	宋洪博	男	1997/4/5	73	68	87	228
3	财务01	刘丽	女	1997/10/18	61	68	87	216
4	财务01	陈涛	男	1997/12/3	88	93	78	259
5	财务01	侯明斌	男	1999/1/1	84	78	88	250
6	财务01	李淑子	女	1999/3/2	98	92	91	281
7	财务01	李媛媛	女	1999/5/31	96	87	78	261
8								
9								
10								
11	姓名	宋洪博	刘丽	陈涛	侯明斌	李淑子	李媛媛	
12	高等数学	73	61	88	84	98	96	
13	英语	68	68	93	78	92	87	
14	物理	87	87	78	88	91	78	

图 3-24

3.3.2 显示公式

在默认情况下，含有公式的单元格中显示的是公式的计算结果。如果需要显示公式，用户则可以在"公式"选项卡的"公式审核"选项组中单击"显示公式"按钮，则显示图 3-25 所示的公式组成。

	A	B	C	D	E	F	G
1	班级	姓名	性别	高等数学	英语	物理	总成绩
2	财务01	宋洪博	男	73	68	87	=D2+E2+F2
3	财务01	刘丽	女	61	68	87	=D3+E3+F3
4	财务01	陈涛	男	88	93	78	=D4+E4+F4
5	财务01	侯明斌	男	84	78	88	=D5+E5+F5
6	财务01	李淑子	女	98	92	91	=D6+E6+F6
7	财务01	李媛媛	女	96	87	78	=D7+E7+F7

图 3-25

【例 3-9】 计算学生高等数学成绩。

高等数学课程的成绩是由平时成绩、期中成绩和期末成绩三部分构成的，每部分所占比例不同，成绩=平时成绩×平时比例+期中成绩×期中比例+期末成绩×期末比例。

视频 3-4 例 3-9

① 在单元格 F4 中输入计算成绩的公式 "=C4*B2+D4*D2+E4*F2"，公式的计算结果是 73。对单元格 F5～F9 进行公式复制后，出现了图 3-26 所示的 "#VALUE!" 错误，显示单元格 F5 的公式为 "=C5*B3+D5*D3+E5*F3"，如图 3-27 所示，发现其中的值为 "20%" 的单元格 B2 变成了 B3（"班级"），值为 "30%" 的单元格 D2 变成了 D3（"期中成绩"），值为 "50%" 的单元格 F2 变成了 F3（"成绩"），从而导致了计算结果错误。

	A	B	C	D	E	F
1	高等数学课程成绩表					
2	平时比例	20%	期中比例		30%	期末比例	50%
3	姓名	班级	平时成绩	期中成绩	期末成绩	成绩
4	宋洪博	财务01	90	65	70	73
5	刘丽	财务01	60	62	60	#VALUE!
6	陈涛	财务01	90	85	88	#VALUE!
7	侯明斌	财务01	90	85	80	#VALUE!
8	李淑子	财务01	100	100	96	#VALUE!
9	李媛媛	财务01	100	93	96	#VALUE!

图 3-26

	F
	0.5
	成绩
	=C4*B2+D4*D2+E4*F2
	=C5*B3+D5*D3+E5*F3
	=C6*B4+D6*D4+E6*F4
	=C7*B5+D7*D5+E7*F5
	=C8*B6+D8*D6+E8*F6
	=C9*B7+D9*D7+E9*F7

图 3-27

② 这里 B2、D2、F2 必须使用单元格的绝对引用，将单元格 F4 的计算成绩公式改为 "=C4*$B$2+D4*$D$2+E4*$F$2"，对单元格 F5～F9 进行公式复制后，绝对引用的单元格$B$2（20%）、$D$2（30%）、$F$2（50%）不会改变，得到正确的结果如图 3-28 所示。单元格 F4～F9 的公式如图 3-29 所示。

	A	B	C	D	E	F
1	高等数学课程成绩表					
2	平时比例	20%	期中比例		30%	期末比例	50%
3	姓名	班级	平时成绩	期中成绩	期末成绩	成绩
4	宋洪博	财务01	90	65	70	73
5	刘丽	财务01	60	62	60	61
6	陈涛	财务01	90	85	88	88
7	侯明斌	财务01	90	85	80	84
8	李淑子	财务01	100	100	96	98
9	李媛媛	财务01	100	93	96	96

图 3-28

	F
	0.5
	成绩
	=C4*$B$2+D4*$D$2+E4*$F$2
	=C5*$B$2+D5*$D$2+E5*$F$2
	=C6*$B$2+D6*$D$2+E6*$F$2
	=C7*$B$2+D7*$D$2+E7*$F$2
	=C8*$B$2+D8*$D$2+E8*$F$2
	=C9*$B$2+D9*$D$2+E9*$F$2

图 3-29

3.4　名称和数组

单元格默认用列号和行号来命名，如 B5 单元格。用户还可以对单元格或单元格区域重新命名，并在其后的公式中使用名称进行计算，使得计算公式更加易于理解。

3.4.1　名称定义

名称可以由字母、汉字、数字和特殊字符（下画线、圆点、反斜杠、问号）组成，但是不能以数字开头，也不能与单元格地址相同。创建名称常用的方法有以下四种。

1. 使用名称框定义名称

① 选中单元格或单元格区域，如 E2:E7。

② 将鼠标指针定位到名称框中，输入自定义的名称 "高等数学"，然后按【Enter】键完成名称

的定义，如图 3-30 所示。

2. 使用"定义名称"创建名称

① 单击"公式"选项卡中"定义的名称"选项组中的"定义名称"按钮。

② 在打开的"新建名称"对话框中，在"引用位置"框中设置单元格区域"=成绩表!$F$2:$F$7"；在"名称"框中输入名称"英语"，如图 3-31 所示。

图 3-30

图 3-31

3. 使用名称管理器新建名称

① 单击"公式"选项卡中"定义的名称"选项组中的"名称管理器"按钮。

② 在打开的"名称管理器"对话框中，单击"新建"按钮，如图 3-32 所示。

③ 在打开的"新建名称"对话框中，设置单元格区域的名称。

4. 使用快捷菜单定义名称

① 选中单元格或单元格区域，例如，G2:G7，单击鼠标右键，在弹出的快捷菜单中选择"定义名称"。

② 在打开的"新建名称"对话框中，设置单元格区域的名称，为选中的单元格区域命名为"物理"，如图 3-33 所示。

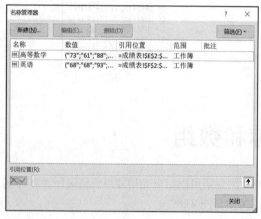

图 3-32

图 3-33

3.4.2　名称使用

定义名称后就可以直接在公式中使用名称了，具体操作步骤如下。

① 选中输入公式的单元格。

② 单击"公式"选项卡中"定义的名称"选项组中的"用于公式"按钮，将显示出已经定义的名称，如图 3-34 所示。

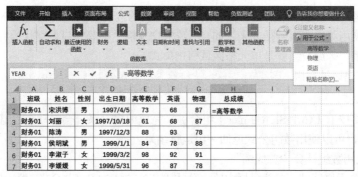

图 3-34

③ 逐个选择需要的名称，手动输入运算符"+"，按【Enter】键完成公式的输入。用户也可以直接在公式中输入名称和运算符。

【例 3-10】使用名称计算"总成绩"。

① 选中单元格区域 E2:E7。单击鼠标右键，在弹出的快捷菜单中选择"定义名称"。

② 在打开的"新建名称"对话框中，设置单元格区域的名称为"高等数学"。

③ 选中单元格区域 F2:F7，重复①~②，名称为"英语"；选中 G2:G7，重复①~②，名称为"物理"。

④ 在 H2 单元格中输入公式"=高等数学+物理+英语"。

⑤ 双击 H2 单元格的填充柄进行公式的复制。

结果如图 3-35 所示。其中 H2 单元格中输入的公式为"=高等数学+物理+英语"，能比较直观地反映总成绩的组成。

	A	B	C	D	E	F	G	H
1	班级	姓名	性别	出生日期	高等数学	英语	物理	总成绩
2	财务01	宋洪博	男	1997/4/5	73	68	87	228
3	财务01	刘丽	女	1997/10/18	61	68	87	216
4	财务01	陈涛	男	1997/12/3	88	93	78	259
5	财务01	侯明斌	男	1999/1/1	84	78	88	250
6	财务01	李淑子	女	1999/3/2	98	92	91	281
7	财务01	李媛媛	女	1999/5/31	96	87	78	261

图 3-35

3.4.3　名称编辑和删除

用户可以对已定义名称的引用范围进行修改，也可以删除不需要的名称，具体操作步骤如下。

① 单击"公式"选项卡中"定义的名称"选项组中的"名称管理器"按钮。

② 在打开的"名称管理器"对话框中，选中名称：

- 单击"编辑"按钮，重新设置单元格区域的名称。
- 单击"删除"按钮，在弹出的确认删除对话框中单击"确定"按钮，即可删除名称。

3.4.4　数组

在 Excel 函数和公式中，数组是指一行、一列或多行多列的一组数据元素的集合。

1. 数组的类型

常见的数组可以分为常量数组、区域数组等。

（1）常量数组。常量数组是指包含在大括号"{}"内的常量数值，如{0,60,70,80,90}。如果是文本型常量，则必须用英文双引号括起来，如{"不及格","及格","中等","良好","优秀"}。

（2）区域数组。区域数组就是单元格区域引用形式。

例如，F2:F5 是区域数组。

2. 数组公式

数组公式需要按下【Ctrl+Shift+Enter】组合键来完成编辑，系统会自动在数组公式的首尾添加大括号"{}"。用户可以使用数组公式返回一组运算结果。

【例 3-11】利用数组计算"总成绩"。

选择 H2:H7 单元格区域，在编辑栏中输入公式"=E2:E7+F2:F7+G2:G7"，然后按下【Ctrl+Shift+Enter】组合键，形成数组公式为："{=E2:E7+F2:F7+G2:G7}"，此公式对每位学生的三门课程成绩求和，同时计算出 6 位学生的总成绩，计算结果如图 3-36 所示。

	A	B	C	D	E	F	G	H
1	班级	姓名	性别	出生日期	高等数学	英语	物理	总成绩
2	财务01	宋洪博	男	1997/4/5	73	68	87	228
3	财务01	刘丽	女	1997/10/18	61	68	87	216
4	财务01	陈涛	男	1997/12/3	88	93	78	259
5	财务01	侯明斌	男	1999/1/1	84	78	88	250
6	财务01	李淑子	女	1999/3/2	98	92	91	281
7	财务01	李媛媛	女	1999/5/31	96	87	78	261

H2 单元格公式：{=E2:E7+F2:F7+G2:G7}

视频 3-5　例 3-11

图 3-36

数组中的大括号"{}"应在编辑完成后按【Ctrl+Shift+Enter】组合键自动生成，如果手工输入，则系统将识别为文本，无法正确计算。

3.5　公式审核

公式审核就是检查公式与单元格之间的关系。当数据关系复杂时，某个单元格中公式的计算结果既可能受到其他单元格数值的影响，又可能会影响到其他单元格的数值。利用公式审核功能，可以非常方便地检查公式的组成，分析影响公式计算结果的因素，以及公式计算结果是否会影响其他单元格。

3.5.1　公式错误和更正

如果输入公式时发生错误，会在单元格内显示相应的错误信息，此时需要了解产生错误的原因并加以更正。表 3-3 所示为常见的公式错误类型和更正方法。

表 3-3　　　　　　　　　　　　　常见的公式错误类型

类型	含义	更正方法
#####	列宽不够	增加列宽或缩小字号
#DIV/0!	除数为 0	检查输入公式中除数是否为 0；或引用了空白单元格；或值为 0 的单元格
#N/A	数值对函数或公式不可用	检查公式中引用单元格的数据，并输入正确的内容

类型	含义	更正方法
#NAME?	无法识别公式中的文本	检查输入文本时是否缺少双引号，单元格区域引用中是否缺少区域运算符（:）
#NULL!	区域运算符不正确	使用区域运算符（:）引用连续的单元格区域；使用联合运算符（,）引用不相交的两个区域
#NUM!	无效数据	检查数字是否超出限定范围；或函数中的参数是否正确
#REF!	单元格引用无效	检查引用的单元格是否已被删除
#VALUE!	参数或操作数的类型错误	检查公式、函数中使用的运算符或参数是否正确

3.5.2　追踪单元格

公式中引用了多个单元格中的数据，其中某些被引用的单元格又引用了其他单元格中的数据，这样就构成了复杂的单元格引用关系。使用单元格的追踪方法可以有效地显示出一个公式是由哪些单元格数据构成的。

1. 追踪引用单元格

追踪引用单元格是查找为公式提供数据的单元格，追踪箭头用于显示活动单元格与其引用单元格之间的关系。蓝色追踪箭头表示引用正确；红色追踪箭头表示引用单元格中包含错误值。具体操作步骤如下。

① 选择公式所在单元格。

② 在"公式"选项卡的"公式审核"选项组中，单击"追踪引用单元格"按钮。例如，图 3-37 中，显示了单元格 F6 公式引用中的单元格有 C6、D6、E6、B2、D2 和 F2。

③ 如果公式间接引用了其他单元格，则可以再次单击"追踪引用单元格"按钮，将间接引用的单元格也显示出来。

视频 3-6　追踪引用单元格

④ 若要删除追踪箭头，可单击"公式审核"选项组中的"移去箭头"按钮。

2. 追踪从属单元格

与引用单元格相反，从属单元格表现的是被动关系，是指当前活动单元格被其他单元格中的公式引用。从属单元格也分为直接被引用和间接被引用。具体操作步骤如下。

① 选择一个被引用的单元格。

② 在"公式"选项卡的"公式审核"选项组中，单击"追踪从属单元格"按钮。例如，图 3-38 中显示出引用了单元格 D2 的所有单元格 F4～F9。

③ 若要删除追踪箭头，可单击"公式审核"选项组中的"移去箭头"按钮。

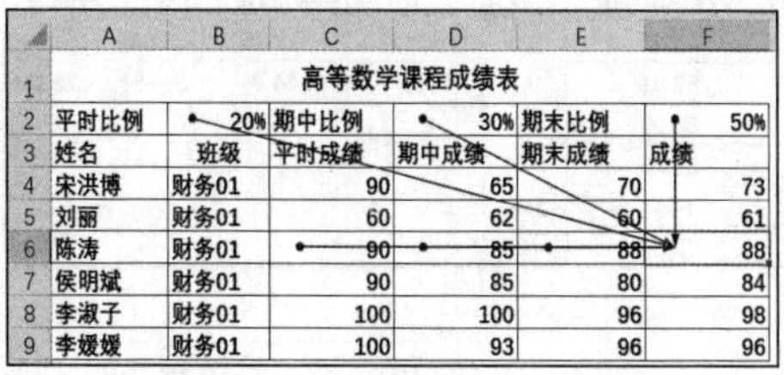

图 3-37

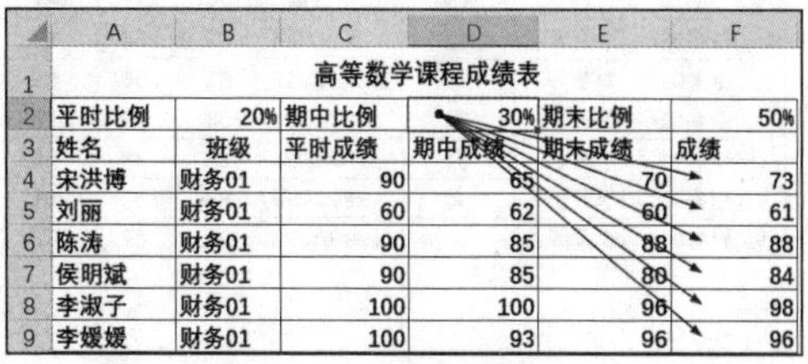

图 3-38

3.6 应用实例——学生成绩表的公式计算

计算学生的平均成绩是常用的教学统计分析方法。

（1）计算出高等数学、英语和物理这三门课程成绩的平均值为平均成绩，保留2位小数。

① 输入公式表达式。在H2单元格中输入公式"=(E2+F2+G2)/3"。

② 复制公式。使用填充柄复制公式至H3~H7单元格中。

③ 保留小数。在"设置单元格格式"对话框的"数字"选项卡中设置"小数位数"为2位。结果如图3-39所示。

	A	B	C	D	E	F	G	H
1	班级	姓名	性别	出生日期	高等数学	英语	物理	平均成绩
2	财务01	宋洪博	男	1997/4/5	73	68	87	76.00
3	财务01	刘丽	女	1997/10/18	61	68	87	72.00
4	财务01	陈涛	男	1997/12/3	88	93	78	86.33
5	财务01	侯明斌	男	1999/1/1	84	78	88	83.33
6	财务01	李淑子	女	1999/3/2	98	92	91	93.67
7	财务01	李媛媛	女	1999/5/31	96	87	78	87.00

图 3-39

（2）计算成绩表中的带权平均成绩，保留2位小数。带权平均成绩需要考虑每门课程的学时所占的比例，首先计算出每门课程的学时比例，然后计算出带权平均成绩。

① 计算每门课程的学时比例。在L3单元格中输入公式"=L2/($L2+$M2+$N2)"，复制该公式至M3、N3单元格，用百分比显示并保留1位小数，结果如图3-40所示。

L3			× ✓ fx	=L2/($L2+$M2+$N2)										
	A	B	C	D	E	F	G	H	I	J	K	L	M	N
1	班级	姓名	性别	出生日期	高等数学	英语	物理	平均成绩	带权平均成绩			高等数学	英语	物理
2	财务01	宋洪博	男	1997/4/5	73	68	87	76.00			学时数	96	64	56
3	财务01	刘丽	女	1997/10/18	61	68	87	72.00			比例	44.4%	29.6%	25.9%
4	财务01	陈涛	男	1997/12/3	88	93	78	86.33						
5	财务01	侯明斌	男	1999/1/1	84	78	88	83.33						
6	财务01	李淑子	女	1999/3/2	98	92	91	93.67						
7	财务01	李媛媛	女	1999/5/31	96	87	78	87.00						

图 3-40

② 计算带权平均成绩。在I2单元格中输入公式"=E2*L$3+F2*M$3+G2*N$3"，复制该公式至I3~I7单元格，保留2位小数位数，结果如图3-41所示。

I2			× ✓ fx	=E2*L$3+F2*M$3+G2*N$3										
	A	B	C	D	E	F	G	H	I	J	K	L	M	N
1	班级	姓名	性别	出生日期	高等数学	英语	物理	平均成绩	带权平均成绩			高等数学	英语	物理
2	财务01	宋洪博	男	1997/4/5	73	68	87	76.00	75.15		学时数	96	64	56
3	财务01	刘丽	女	1997/10/18	61	68	87	72.00	69.81		比例	44.4%	29.6%	25.9%
4	财务01	陈涛	男	1997/12/3	88	93	78	86.33	86.89					
5	财务01	侯明斌	男	1999/1/1	84	78	88	83.33	83.26					
6	财务01	李淑子	女	1999/3/2	98	92	91	93.67	94.41					
7	财务01	李媛媛	女	1999/5/31	96	87	78	87.00	88.67					

图 3-41

（3）显示出I6单元格引用的单元格。

① 选择I6单元格。

② 在"公式"选项卡的"公式审核"选项组中，单击"追踪引用单元格"按钮。图 3-42 显示了单元格 I6 公式引用的单元格。

图 3-42

③ 再次单击"追踪引用单元格"按钮，显示出单元格 I6 公式间接引用的单元格，如图 3-43 所示。

图 3-43

3.7 实用技巧——快速计算

快速计算是常用的操作，掌握相关的快捷操作可以达到事半功倍的效果。

1.【Alt+=】组合键快速求和

图 3-44 中包含了四个季度各类图书的销售数量，需要计算出各季度总销售数量和各类别年销售数量。

① 选中计算的单元格区域 B2:E5，如图 3-44 所示。

② 按下【Alt+=】组合键，即可计算出各行各列的和。

结果如图 3-45 所示。

图 3-44

图 3-45

2. 快速复制公式完成计算

① 在 H2 单元格中输入公式"=E2+F2+G2"，计算出第一个学生的"总成绩"。

② 将鼠标指针放置到 H2 单元格右下方填充柄处，当鼠标指针变成黑十字形状时，双击填充柄将自动复制公式至最后一行。当数据行较多时，用该方法特别方便。

结果如图 3-46 所示。

图 3-46

课堂实验

一、实验目的

（1）掌握公式的基本使用方法。

（2）掌握公式审核的使用。

二、实验内容

（1）打开实验素材中的文件"实验 3.xlsx"，在 Sheet1 工作表中，按下列要求完成操作。

① 利用公式求出每种图书的现库存数量。先求出第一种图书的现库存数量，再使用填充柄快速复制公式计算其他图书的现库存数量。现库存数量=原库存数量+入库数量–出库数量。

② 用条件格式为"现库存数量"列添加三向箭头的图标集效果。

③ 利用公式求出全部图书的现库存总计。

④ 利用选择性粘贴，选中 B1:E7 单元格区域，进行转置粘贴到样例中的目标单元格区域。

样例：

	A	B	C	D	E	F	G
1	书店名称	图书名称	原库存数量/本	入库数量/本	出库数量/本	现库存数量/本	
2	鼎盛轩书店	C语言程序设计	20	150	120 ⬆	50	
3	鼎盛轩书店	Java语言程序设计	10	50	50 ⬆	10	
4	鼎盛轩书店	MySQL数据库程序设计	5	60	60 ⬇	5	
5	鼎盛轩书店	网络技术	19	60	60 ⬇	19	
6	鼎盛轩书店	计算机组成与接口	10	80	40 ⬆	50	
7	鼎盛轩书店	软件工程	6	50	55 ⬇	1	
8	现库存总计					135	
9							
10	图书名称	C语言程序设计	Java语言程序设计	MySQL数据库程序设	网络技术	计算机组成与接口	软件工程
11	原库存数量/本	20	10	5	19	10	6
12	入库数量/本	150	50	60	60	80	50
13	出库数量/本	120	50	60	60	40	55

（2）打开实验素材中的文件"实验 3.xlsx"，在 Sheet2 工作表中，按下列要求完成操作。

① 利用公式求出每种图书的销售额。先求出第一种图书的销售额，再使用填充柄复制公式计算其他图书的销售额。销售额=定价×折扣率×数量。

② 利用公式求出销售额的总计。

③ 将"折扣率"修改为 75%，观察"销售额"和"总计"数值的变化。

样例：

	A	B	C	D	E	F	G
1	书店名称	图书名称	定价/元	数量/本	销售额/元		折扣率
2	鼎盛轩书店	C语言程序设计	39.40	120	3782.40		80%
3	鼎盛轩书店	Java语言程序设计	40.60	50	1624.00		
4	鼎盛轩书店	MySQL数据库程序设计	39.20	60	1881.60		
5	鼎盛轩书店	网络技术	34.90	60	1675.20		
6	鼎盛轩书店	计算机组成与接口	37.80	40	1209.60		
7	鼎盛轩书店	软件工程	39.30	55	1729.20		
8	总计				11902.00		

④ 查看 E4 单元格的"追踪引用单元格"；查看 E6 单元格的"追踪从属单元格"。

样例：

	A	B	C	D	E	F	G
1	书店名称	图书名称	定价/元	数量/本	销售额/元		折扣率
2	鼎盛轩书店	C语言程序设计	39.40	120	3782.40		80%
3	鼎盛轩书店	Java语言程序设计	40.60	50	1624.00		
4	鼎盛轩书店	MySQL数据库程序设计	39.20	60	1881.60		
5	鼎盛轩书店	网络技术	34.90	60	1675.20		
6	鼎盛轩书店	计算机组成与接口	37.80	40	1209.60		
7	鼎盛轩书店	软件工程	39.30	55	1729.20		
8	总计				11902.00		

习　题

一、单项选择题

1. 在 Excel 工作表的单元格中输入公式时，应先输入_____。
   A. $ 　　　B. %　　　　　C. &　　　　　D. =

2. 对于 D5 单元格，其绝对引用单元格表示方法为_____。
   A. D5　　　B. D$5　　　　C. $D$5　　　D. $D5

3. 可以通过_____运算符号将两个字符串连接起来。
   A. +　　　　B. &　　　　　C. @　　　　　D. #

4. 默认情况下，已经输入了公式的单元格中显示的是_____。
   A. 公式　　　　　　　　　B. 公式的计算结果
   C. 公式和公式的计算结果　D. 公式和格式

5. A3 单元格中的公式是"=A1+A2"，把 A3 单元格公式复制到 C5 单元格后，C5 单元格中的公式是_____。
   A. =A1+A2　B. =C1+C2　　C. =A3+A4　　D. =C3+C4

6. B3 单元格中的公式是"=C3+$D5"，把 B3 单元格公式复制到 D7 单元格后，D7 单元格中的公式是_____。
   A. =C3+$D5　B. =D7+$E9　C. =E7+$D9　D. =E7+$D5

7. 若要在某单元格内显示出 5 除以 7 的计算结果，可输入_____。
   A. "5/7"　　B. 5/7　　　　C. =5/7　　　D. '5/7

8. 单元格 A1=5，A2=3，A3=A1+A2，如果 A1 的内容改变为 7，则现在 A3 的内容为_____。
   A. 8　　　　B. 10　　　　C. 0　　　　　D. 3

9. 以下选项中，单元格混合引用形式是_____。
   A. $A5　　　B. $A$5　　　C. A5　　　　D. 5A

10. Sheet1 工作表中 D3 单元格要引用 Sheet3 工作表中 F6 单元格中的数据，其公式为_____。
    A. =F6　　　B. =Sheet3!F6　C. =F6!Sheet3　D. =Sheet3#F6

二、判断题

1. 公式中可以包含常量、单元格引用、运算符，也可以包含函数。　　（　　）
2. 在单元格引用中，单元格地址不会随位置而改变的称为相对引用。（　　）
3. 单元格中可输入公式，但单元格存储的是计算结果。　　　　　　（　　）
4. 公式"=B2*D3+1B"是正确的公式形式。　　　　　　　　　　（　　）
5. 单元格 B5 与单元格$B$5 在公式复制时是完全一样的。　　　　（　　）

三、简答题

1. 简述 Excel 的公式的主要功能。
2. 简述常用的运算符有哪些。

第4章
函数

Excel 2016 具有功能强大的函数，为用户进行数据计算和统计分析提供了有力的支持。本章主要介绍了函数的语法、常用函数以及函数应用等内容。

【学习目标】
- 掌握函数的语法和输入方法。
- 掌握常用函数的功能。
- 熟练应用函数完成数据的统计分析。

4.1 函数概述

函数是 Excel 的重要组成部分，能够完成各种复杂的数学计算、统计、查询等数据处理功能。

4.1.1 函数语法

函数的语法形式为：函数名(参数 1,参数 2,…)。

每个函数的函数名是唯一的，并且不区分英文大小写。

参数的个数随着函数的不同而变化。参数可以是常量、单元格引用、单元格区域引用、名称、公式或其他函数等。如果参数中含有 "[ ]"，表示该参数是可选项，在函数应用中根据实际情况可以有也可以没有。

有些函数没有参数，但是函数名后的圆括号 "（ ）" 不能省略。需要注意的是，函数中的符号必须使用英文标点符号。

4.1.2 函数类型

Excel 中内置了三百多个函数，根据功能和应用领域，函数主要分为文本函数、信息函数、逻辑函数、查找与引用函数、日期与时间函数、统计函数、数学与三角函数、财务函数、工程函数、多维数据集函数和兼容性函数等类型。用户只需熟练使用部分的函数，就可以解决实际工作中的绝大多数问题。

当用户使用一个不熟悉的函数时，可以在该函数的 "函数参数" 对话框中，单击 "有关该函数的帮助" 的超链接按钮，打开 "Excel 帮助" 窗口，查看该函数的功能说明、语法、注解和应用示例。

4.1.3 函数嵌套

函数嵌套是指在函数中使用另一个函数作为参数，来实现复杂的计算和统计分析。函数嵌套通常的执行顺序是先执行内层的函数，再执行外层的函数。

例如，函数嵌套 ROUND(AVERAGE(A1:A3),2)完成的功能是：求出单元格区域 A1:A3 的平均值，并保留 2 位小数，即先执行内层的函数 AVERAGE(A1:A3)，得到平均值；然后执行外层的函数 ROUND，对该平均值进行保留 2 位小数的四舍五入运算。

4.2　函数输入

函数是公式的组成部分，以等号"="开始。函数既可以直接手动输入，也可以使用插入函数向导输入。

4.2.1　手动输入函数

Excel 中有公式记忆式键入的功能，用户手动输入公式时会出现备选函数列表，帮助用户快速完成输入，并且可以减少输入的语法错误，具体操作步骤如下。

① 输入等号"="。

② 输入函数名称开始的几个字母，此时显示出图 4-1（a）所示的动态列表，其中包含了与用户输入字母匹配的有效函数名。

③ 双击需要的函数，在"（"后输入以逗号分隔的各个参数；或者选择单元格或单元格区域作为参数，如图 4-1（b）所示。

④ 输入"）"，然后按【Enter】键或单击编辑栏中的按钮✓，完成函数输入。在图 4-1（c）所示的单元格中显示出函数计算的结果，编辑栏中显示出函数表达式。

如果单击编辑栏中的取消按钮×，则放弃函数输入。

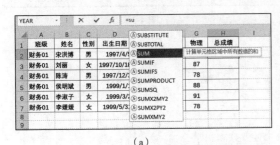

（a）　　　　　　　　　　　　　　　　（b）

（c）

图 4-1

4.2.2　使用插入函数向导

1. 插入函数

由于函数数量较多，记住所有函数名称和参数对用户来说是非常困难而且是不必要的。因此系统提供了函数向导，引导用户正确输入函数，具体操作步骤如下。

① 单击编辑栏上的插入函数按钮 ，此时自动插入等号"="，同时打开图 4-2 所示的"插入函数"对话框。

② 根据计算要求，选择函数类别，然后选择具体的函数。"选择类别"下拉列表有以下几种选择。

- 常用函数：最近插入的函数按字母顺序显示在"选择函数"列表中。
- 某个函数类别：此类函数按字母顺序显示在"选择函数"列表中。
- 全部：所有函数按字母顺序显示在"选择函数"列表中。

③ 在图 4-3 所示的"函数参数"对话框中，输入参数。若参数是单元格区域，可以先单击"拾取器"按钮 ，选择图 4-4 所示的单元格区域后，再次单击"拾取器"按钮 ，返回"函数参数"对话框，在下方出现计算结果，如图 4-5 所示。

视频 4-1　插入函数

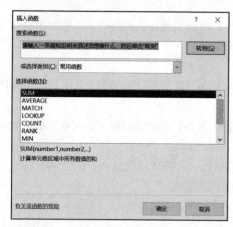

图 4-2

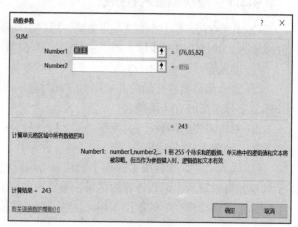

图 4-3

图 4-4

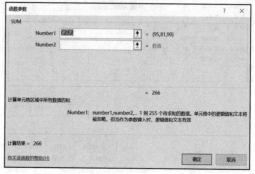

图 4-5

2. 自动求和

求和函数是一个常用函数，在"开始"选项卡的"编辑"选项组中有"自动求和"按钮Σ，可以完成快速求和功能，但是该功能只能实现对同一行或同一列中的数字进行求和，具体操作步骤如下。

① 选中需要存放求和结果的单元格。

② 单击"开始"选项卡的"编辑"选项组中的自动求和按钮Σ，将自动插入用于求和的 SUM 函数。

单击自动求和按钮右侧的下拉按钮，在图 4-6 所示的下拉列表中显示出求和、平均值、计数、最大值、最小值和其他函数 6 个选项，方便用户快速选取需要的函数。

图 4-6

【例 4-1】求出每位学生的平均成绩。

① 选中 H2 单元格，单击编辑栏上的"插入函数"按钮，此时自动插入等号"="，同时打开"插入函数"对话框。

② 根据计算要求，选择函数类别为"常用函数"，选择函数为"AVERAGE"，如图 4-7 所示。

③ 在"函数参数"对话框中，参数"Number1"的单元格区域为"E2:G2"，在左下方出现"计算结果=76.0"的信息，如图 4-8 所示。

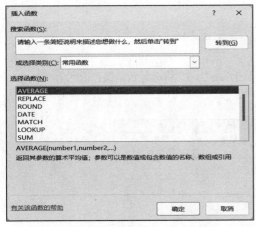

图 4-7

图 4-8

④ 设置单元格的小数位数为 1 位，结果如图 4-9 所示。

⑤ 选中 H2 单元格，拖曳填充柄至 H7 单元格可以完成函数的复制，结果如图 4-10 所示。

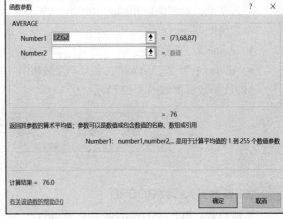

	A	B	C	D	E	F	G	H
1	班级	姓名	性别	出生日期	高等数学	英语	物理	平均成绩
2	财务01	宋洪博	男	1997/4/5	73	68	87	76.0
3	财务01	刘丽	女	1997/10/18	61	68	87	
4	财务01	陈涛	男	1997/12/3	88	93	78	
5	财务01	侯明斌	男	1999/1/1	84	78	88	
6	财务01	李淑子	女	1999/3/2	98	92	91	
7	财务01	李媛媛	女	1999/5/31	96	87	78	

图 4-9

	A	B	C	D	E	F	G	H
1	班级	姓名	性别	出生日期	高等数学	英语	物理	平均成绩
2	财务01	宋洪博	男	1997/4/5	73	68	87	76.0
3	财务01	刘丽	女	1997/10/18	61	68	87	72.0
4	财务01	陈涛	男	1997/12/3	88	93	78	86.3
5	财务01	侯明斌	男	1999/1/1	84	78	88	83.3
6	财务01	李淑子	女	1999/3/2	98	92	91	93.7
7	财务01	李媛媛	女	1999/5/31	96	87	78	87.0

图 4-10

4.3   常用函数

Excel 有大量的函数供用户使用，本节将介绍一些常用的函数并给出相关的应用示例。

4.3.1   数学函数

1. 取整函数 INT

语法格式：INT(number)

函数功能：返回数值 number 向下取最接近的整数。

INT 函数示例如图 4-11 所示。

	A	B	C	D
1	数据	函数	结果	说明
2	5.9	=INT(A2)	5	5.9向下取整的结果是5
3	-5.9	=INT(A3)	-6	-5.9向下取整的结果是-6

图 4-11

2. 取模函数 MOD

语法格式：MOD(number,divisor)

函数功能：返回两数相除的余数。

参数说明如下。

- number：被除数。

- divisor：除数，结果的正负号与除数相同。如果 divisor 为 0，将会导致错误，返回值#DIV/0!。

MOD 函数示例如图 4-12 所示。

	A	B	C	D	E
1	数据	数据	函数	结果	说明
2	9	2	=MOD(A2,B2)	1	9除以2的余数是1

图 4-12

3. 四舍五入函数 ROUND

语法格式：ROUND (number,num_digits)

函数功能：返回按指定的小数位数对数值进行四舍五入的结果。

参数说明如下。

- number：要四舍五入的数值。

- num_digits：指定保留的小数位数，如果 num_digits 为 0，则取整到最接近的整数。

ROUND 函数示例如图 4-13 所示。

	A	B	C	D
1	数据	函数	结果	说明
2	521.509	=ROUND(A2,1)	521.5	对521.509保留1位小数位数
3	521.509	=ROUND(A3,2)	521.51	对521.509保留2位小数位数
4	521.509	=ROUND(A4,0)	522	对521.509保留0位小数位数，则取得最接近的整数

图 4-13

ROUND 函数非常容易与单元格数字格式中的小数位数设置混为一谈，其实这两者有着本质的区别。设置单元格数字格式中的小数位数只是改变显示的位数，但是不改变单元格的值；ROUND

函数则真正改变了单元格的值。

例如，图 4-14 中原始数据通过设置小数位数可以达到 ROUND 函数相同的显示效果，但是求和结果却完全不同。

	A	B	C
1	原始数据	格式设置为2位小数	ROUND函数保留2位小数
2	5.1235	5.12	5.12
3	1.2115	1.21	1.21
4	2.3561	2.36	2.36
5		求和结果	
6	8.6911	8.6911	8.6900

图 4-14

4. 求和函数 SUM

语法格式：SUM(number1[,number2,…])

函数功能：返回参数中所有数值之和。

参数说明如下。

- 如果参数是单元格或单元格区域，则只累加其中的数值，忽略空白单元格、逻辑值或文本。

SUM 函数示例如图 4-15 所示。

	A	B	C	D
1	数据	函数	结果	说明
2	5	=SUM(3, 5)	8	3与5相加
3	-1	=SUM(A2, A5)	3	A2和A5单元格中的数值相加
4	3	=SUM(A2:A4)	7	A2:A4单元格区域中的数值相加
5	-2	=SUM(A2:A5, 4)	9	A2:A5单元格区域中的数值相加，再加上4

图 4-15

5. 乘积之和函数 SUMPRODUCT

语法格式：SUMPRODUCT(array1[,array2,…])

函数功能：将数组对应的元素相乘，并返回乘积之和。

参数说明如下。

- 数组参数 array1，array2，…必须具有相同的长度。
- 将非数值型的数组元素作为 0 处理。

SUMPRODUCT 函数示例如图 4-16 所示。

	A	B	C	D	E
1	数组A	数组B	函数	结果	说明
2	2	3	=SUMPRODUCT(A2:A4, B2:B4)	29	数组A与数组B的所有元素对应相乘，并将乘积相加，即A2×B2+A3×B3+A4×B4
3	4	2			
4	3	5			

图 4-16

【例 4-2】计算顾客购买水果的总价。

图 4-17 中 B 列中是水果的单价，C 列是购买的数量，水果总价是每种水果的单价乘以数量后的总和。

选中 B6 单元格，输入公式："=SUMPRODUCT(B2:B4,C2:C4)"，实则计算的是 B2×C2+B3×C3+B4×C4，即 5.00×2+3.00×3+2.50×5=31.50。

结果如图 4-17 所示。

B6		× ✓ fx	=SUMPRODUCT(B2:B4,C2:C4)	

	A	B	C	D	E
1	水果品种	单价/元	数量/千克		
2	苹果	5.00	2		
3	香蕉	3.00	3		
4	桔子	2.50	5		
5					
6	水果总价/元	31.50			

图 4-17

6. 条件求和函数 SUMIF

语法格式：SUMIF(range,criteria[,sum_range])

函数功能：返回满足条件的单元格区域中的数值之和。

参数说明如下。

- range：用于条件判断的单元格区域。
- criteria：计算的条件，其形式可以为数值、表达式或文本。
- sum_range：需要求和的实际单元格区域。
- 只有当 range 中的单元格区域满足 criteria 设定的条件时，才对 sum_range 中对应的单元格区域求和。如果省略 sum_range 参数，则对 range 中的单元格区域求和。

SUMIF 函数示例如图 4-18 所示。

	A	B	C	D
1	数据	函数	结果	说明
2	-2	=SUMIF(A2:A5,">0")	8	A2:A5单元格区域中值大于0的数据进行求和，即5+3=8
3	5			
4	-1			
5	3			

图 4-18

【例 4-3】按照销售员姓名汇总销售额。

图 4-19（a）中 A2:C7 单元格区域显示了销售记录，要求根据 E2 单元格中销售员的姓名，求出该销售员的销售额之和。

① 在 E2 单元格中输入销售员姓名，如"王宏"。

② 在 F2 单元格中输入公式"=SUMIF(B2:B7,E2,C2:C7)"，其中：B2:B7 是用来判断条件单元格区域；E2 单元格是条件；C2:C7 单元格区域是求和区域。该公式的含义是如果单元格区域 B2:B7 的销售员中有单元格 E2 中指定的销售员，则对其销售额进行求和。

视频 4-2　例 4-3

计算出销售员"王宏"的总销售额为 81000，如图 4-19（a）所示；如果 E2 单元格中输入销售员姓名"张明明"，则计算出该销售员的总销售额为 40000，如图 4-19（b）所示。

	A	B	C	D	E	F
1	月份	销售员	销售额/元		销售员	销售额/元
2	1月	王宏	23000		王宏	81000
3	2月	张明明	18000			
4	3月	王宏	17000			
5	4月	王宏	20000			
6	5月	张明明	22000			
7	6月	王宏	21000			

（a）

	A	B	C	D	E	F
1	月份	销售员	销售额/元		销售员	销售额/元
2	1月	王宏	23000		张明明	40000
3	2月	张明明	18000			
4	3月	王宏	17000			
5	4月	王宏	20000			
6	5月	张明明	22000			
7	6月	王宏	21000			

（b）

图 4-19

7. 多条件求和函数 SUMIFS

语法格式：SUMIFS(sum_range,criteria_range1,criteria1[,criteria_range2, criteria2,…])

函数功能：返回同时满足多个条件的单元格区域中数值之和。

参数说明如下。

- sum_range：求和的单元格区域。
- criteria_range1：用于判断 criteria1 条件的单元格区域。
- criteria_range2：用于判断 criteria2 条件的单元格区域。
- 只有同时满足 criteria1、criteria2、…设定的条件时，才对 sum_range 中对应的单元格区域求和。

SUMIFS 函数示例如图 4-20 所示。

	A	B	C	D	E
1	数据	数据	函数	结果	说明
2	2	A	=SUMIFS(A2:A5, A2:A5, ">0", B2:B5, "A")	3	当A2:A5单元格区域的值大于0，并且对应的B2:B5单元格区域值为A时求和，即2+1=3
3	-9	A			
4	5	B			
5	1	A			

图 4-20

【例4-4】 按照商品和厂家汇总销售量。

图 4-21 中 A2:C6 单元格区域显示了销售记录，E2:F4 单元格区域是不同厂家的商品，要求计算出总销售量。

① 在 G2 单元格中输入公式"=SUMIFS($C$2:$C$6,$A$2:$A$6,E2,$B$2:$B$6,F2)"，其中：$C$2:$C$6 是求和区域；$A$2:$A$6 是判断条件 1 的单元格区域，E2 单元格是条件 1；$B$2:$B$6 是判断条件 2 的单元格区域，F2 单元格是条件 2。该公式的含义是如果单元格区域$A$2:$A$6 的商品是 E2 中指定的商品，并且$B$2:$B$6 的厂家是 F2 中指定的厂家，则对其销售量进行求和。

② 将 G2 单元格中的公式复制到 G4 单元格，为了保证复制后单元格引用正确，函数中的$C$2:$C$6、$A$2:$A$6、$B$2:$B$6 均采用绝对地址，复制后不会改变。

结果如图 4-21 所示。

G2	▾	⋮	×	✓	fx	=SUMIFS($C$2:$C$6,$A$2:$A$6,E2,$B$2:$B$6,F2)		

	A	B	C	D	E	F	G
1	商品	厂家	销售量/千克		商品	厂家	总销售量/千克
2	巧克力	天天乐食品公司	20		巧克力	天天乐食品公司	55
3	果冻	美味食品公司	35		巧克力	美味食品公司	58
4	巧克力	美味食品公司	28		果冻	美味食品公司	35
5	巧克力	天天乐食品公司	35				
6	巧克力	美味食品公司	30				

图 4-21

4.3.2　统计函数

1. 求平均值函数 AVERAGE

语法格式：AVERAGE(number1[,number2,…])

函数功能：返回参数的算术平均值。

参数说明如下。

- 如果参数是单元格或单元格区域，则只计算其中的数值，忽略空白单元格、逻辑值或文本。

AVERAGE 函数示例如图 4-22 所示。

	A	B	C	D	E
1	数据	数据	函数	结果	说明
2	3	5	=AVERAGE(A2:B3)	5.25	A2:B3单元格区域数值的平均值
3	7	6	=AVERAGE(A2:A3)	5	A2:A3单元格区域数值的平均值
4			=AVERAGE(4, 5)	4.5	4与5的平均值

图 4-22

2．条件求平均值函数 AVERAGEIF

语法格式：AVERAGEIF(range,criteria[,average_range])

函数功能：返回满足条件的单元格区域中数值的算术平均值。

参数说明如下。

- range：用于条件判断的单元格区域。
- criteria：计算的条件，其形式可以为数值、表达式或文本。
- average_range：需要求算术平均值的实际单元格区域。
- 只有 range 中的单元格区域满足 criteria 设定的条件时，才对 average_range 中对应的单元格区域求平均值，如果省略 average_range，则对 range 单元格区域求平均值。

AVERAGEIF 函数示例如图 4-23 所示。

	A	B	C	D
1	数据	函数	结果	说明
2	3	=AVERAGEIF(A2:A5,">5")	7.5	A2:A5单元格区域中值大于5的平均值
3	7			
4	2			
5	8			

图 4-23

【例 4-5】计算各班的高等数学平均成绩。

图 4-24 中 C2:C12 单元格区域显示了学生高等数学的成绩，计算出各班的高等数学平均成绩。

① 在 E2、E3 单元格中分别输入班级名称"财务 01"和"财务 02"。

② 在 F2 单元格中输入公式"=AVERAGEIF($B$2:$B$12,E2,$C$2:$C$12)"，其中：$B$2:$B$12 是判断条件的单元格区域；E2 单元格是条件；$C$2:$C$12 单元格区域是求平均值的区域。该公式的含义是如果单元格区域$B$2:$B$12 的班级中有单元格 E2 中的班级名称，则对其高等数学成绩求平均值。

③ 将 F2 单元格中的公式复制到 F3 单元格，完成计算"财务 02"班的高等数学平均成绩。

结果如图 4-24 所示。

	A	B	C	D	E	F
1	姓名	班级	高等数学		班级	高等数学平均成绩
2	宋洪博	财务01	73		财务01	83.3
3	刘丽	财务01	61		财务02	76.0
4	陈涛	财务01	88			
5	侯明斌	财务01	84			
6	李淑子	财务01	98			
7	李媛媛	财务01	96			
8	冯天民	财务02	70			
9	李小明	财务02	57			
10	张喆	财务02	71			
11	胡涛	财务02	97			
12	徐春雨	财务02	85			

图 4-24

3．多条件求平均值函数 AVERAGEIFS

语法格式：AVERAGEIFS(average_range,criteria_range1,criteria1[,criteria_range2, criteria2,…])

函数功能：返回同时满足多个条件的单元格区域中数值的算术平均值。

参数说明如下。

- average_range：求平均值的单元格区域。
- criteria_range1：用于判断 criteria1 条件的单元格区域。
- criteria_range2：用于判断 criteria2 条件的单元格区域。
- 只有同时满足 criteria1、criteria2、…设定的条件时，才对 average_range 中对应的单元格区域求算术平均值。

AVERAGEIFS 函数示例如图 4-25 所示。

	A	B	C	D	E
1	数据	数据	函数	结果	说明
2	2	A	=AVERAGEIFS(A2:A5, A2:A5, ″>0″, B2:B5, ″A″)	1.5	当A2:A5单元格区域的值大于0，并且对应的B2:B5单元格区域值为A时求平均值，即(2+1)/2=1.5
3	-9	A			
4	5	B			
5	1	A			

图 4-25

4. 计数函数 COUNT

语法格式：COUNT(value1[,value2,…])

函数功能：计算包含数值和日期的单元格以及参数列表中数值的个数。

参数说明如下。

- 参数为数值、日期，则被计算在内；若参数为文本、逻辑值，则不被计算在内。

与 COUNT 函数相关的函数还有：COUNTA，用于统计非空单元格的个数；COUNTBLANK，用于统计空单元格的个数。

COUNT 及相关函数示例如图 4-26 所示。

	A	B	C	D
1	数据	函数	结果	说明
2	11	=COUNT(A2:A8)	4	统计A2:A8单元格区域中包含数值和日期的单元格个数
3		=COUNTBLANK(A2:A8)	1	统计A2:A8单元格区域中包含空单元格的个数
4	5	=COUNTA(A2:A8)	6	统计A2:A8单元格区域中包含非空单元格的个数
5	10			
6	TRUE			
7	刘丽			
8	2022/1/10			

图 4-26

5. 条件计数函数 COUNTIF

语法格式：COUNTIF(range,criteria)

函数功能：统计符合给定条件的单元格个数。

参数说明如下。

- range：要统计的单元格区域。
- criteria：统计条件，其形式可以为数值、表达式或文本。

COUNTIF 函数示例如图 4-27 所示。

	A	B	C	D
1	数据	函数	结果	说明
2	11	=COUNTIF(A2:A5, ″>=10″)	2	统计A2:A5单元格区域中值大于或等于10的单元格个数
3				
4	5			
5	10			

图 4-27

【例 4-6】统计不同性别的学生人数。

图 4-28 中 A2:B8 单元格区域显示了学生的姓名和性别，分别求出男女生人数。

① 在 D2、D3 单元格中分别输入"男"和"女"。

② 在 E2 单元格中输入公式"=COUNTIF($B$2:$B$8,D2)"，其中：$B$2:$B$8 是统计的单元格区域；D2 单元格是条件。该公式的含义是统计单元格区域$B$2:$B$8 的性别中与单元格 D2 中性别

相同的学生人数，即统计单元格区域$B$2:$B$8 中的男生人数。

③ 将 E2 单元格中的公式复制到 E3 单元格，统计出女生人数。

结果如图 4-28 所示。

	A	B	C	D	E	F
1	姓名	性别		性别	人数	
2	陈涛	男		男	3	
3	侯明斌	男		女	4	
4	李华	女				
5	李淑子	女				
6	李媛媛	女				
7	刘丽	女				
8	刘向志	男				

图 4-28

6. 多条件计数函数 COUNTIFS

语法格式：COUNTIFS(criteria_range1,criteria1[,criteria_range2,criteria2,…])

函数功能：统计同时满足多个给定条件的单元格个数。

参数说明如下。

- criteria_range1：用于判断 criteria1 条件的单元格区域。
- criteria_range2：用于判断 criteria2 条件的单元格区域。
- 只有同时满足 criteria1、criteria2、…设定的条件时才进行计数。

COUNTIFS 函数示例如图 4-29 所示。

	A	B	C	D	E
1	数据	数据	函数	结果	说明
2	11	A	=COUNTIFS(A2:A5,″>=10″,B2:B5,″B″)	1	统计A2:A5单元格区域中值大于或等于10，并且B2:B5单元格区域中值为B的单元格个数
3		B			
4	5	A			
5	10	B			

图 4-29

【例 4-7】统计不同班级高等数学优秀人数。

① 在 E2、E3 单元格中分别输入班级名称"财务 01"和"财务 02"。

② 在 F2 单元格中输入公式"=COUNTIFS($B$2:$B$12,E2,$C$2:$C$12,">=90")"，其中：$B$2:$B$12 是判断第 1 个条件的单元格区域；E2 单元格是第 1 个条件；$C$2:$C$12 是判断第 2 个条件的单元格区域；">=90"是第 2 个条件。该公式的含义是统计$B$2:$B$12 单元格区域的班级中与 E2 单元格中班级相同，并且$C$2:$C$12 单元格区域中大于等于 90 的人数。

③ 将 F2 单元格中的公式复制到 F3 单元格，统计出财务 02 班高等数学优秀的人数。

结果如图 4-30 所示。

	A	B	C	D	E	F
1	姓名	班级	高等数学		班级	高等数学优秀人数
2	宋洪博	财务01	73		财务01	2
3	刘丽	财务01	61		财务02	1
4	陈涛	财务01	88			
5	侯明斌	财务01	84			
6	李淑子	财务01	98			
7	李媛媛	财务01	96			
8	冯天民	财务02	70			
9	李小明	财务02	57			
10	张喆	财务02	71			
11	胡涛	财务02	97			
12	徐春雨	财务02	85			

图 4-30

7. 最大值函数 MAX

语法格式：MAX(number1[,number2,…])

函数功能：返回参数列表中的最大值。

MAX 函数示例如图 4-31 所示。

	A	B	C	D
1	数据	函数	结果	说明
2	5	=MAX(A2:A5)	9	求出A2:A5单元格区域中的最大值
3	2			
4	9			
5	6			

图 4-31

8. 最小值函数 MIN

语法格式：MIN (number1[,number2,…])

函数功能：返回参数列表中的最小值。

MIN 函数示例如图 4-32 所示。

	A	B	C	D
1	数据	函数	结果	说明
2	5	=MIN(A2:A5)	2	求出A2:A5单元格区域中的最小值
3	2			
4	9			
5	6			

图 4-32

9. 中位数函数 MEDIAN

语法格式：MEDIAN(number1[,number2,…])

函数功能：返回参数列表中的中位数值。

MEDIAN 函数示例如图 4-33 所示。中位数值与数据的排序位置有关，是一组数据排序后中间位置的代表值，不受极端数据值的干扰。图 4-33 中，单元格区域 A2:A5 排序后为：2、3、4、15，因为排序的个数是偶数，中位数值为中间的两个数 3 和 4 的平均值 3.5；而单元格区域 A2:A6 排序后为：2、3、4、9、15，因为排序的个数是奇数，中位数值为中间的数 4。

	A	B	C	D
1	数据	函数	结果	说明
2	15			
3	2	=MEDIAN(A2:A5)	3.5	求出A2:A5单元格区域的中位数值
4	3	=MEDIAN(A2:A6)	4	求出A2:A6单元格区域的中位数值
5	4			
6	9			

图 4-33

【例 4-8】计算选手的最终得分。

图 4-34 中 A2:F5 单元格区域显示了选手的姓名和 5 个评委的打分情况，可以用 3 种方法计算每个选手的最终得分。

方法一：中位数法。

在 G2 单元格中输入公式 "=MEDIAN(B2:F2)"；复制 G2 单元格中的公式至 G3~G5 单元格中；设置保留 2 位小数位数，结果如图 4-34 所示。

图 4-34

方法二：去除极值法（即去除最高分和最低分后求平均值）。

在 G2 单元格中输入公式"=(SUM(B2:F2)-MAX(B2:F2)-MIN(B2:F2))/3"，其中：SUM(B2:F2) 是求出 5 个评委的总分；MAX(B2:F2)是求出 5 个评委的最高分；MIN(B2:F2)是求出 5 个评委的最低分。SUM(B2:F2)-MAX(B2:F2)-MIN(B2:F2)是除去最高分和最低分的总分，再除以 3 即为最终得分。复制 G2 单元格中的公式至 G3～G5 单元格中；设置保留 2 位小数位数，结果如图 4-35 所示。

图 4-35

方法三：算术平均值法。

在 G2 单元格中输入公式"=AVERAGE(B2:F2)"；复制 G2 单元格中的公式至 G3～G5 单元格中；设置保留 2 位小数位数，结果如图 4-36 所示。

图 4-36

比较以上三种方法，可以观察出中位数法和去除极值法效果比较好，其最终得分从高到低的排序是相同的，依次为："侯明斌""陈涛""李华""李淑子"。但是算术平均值法效果不佳，主要原因是存在极端的低分或高分时影响了计算的结果，该方法的最终得分从高到低的排序是："李华""陈涛""侯明斌""李淑子"。中位数法只用到一个函数，而去除极值法用到了三个函数，所以推荐使用中位数法处理此类问题。

10. RANK 函数

语法格式：RANK(number,ref [,order])

函数功能：返回一个数值在数值列表中的排位顺序。

参数说明如下。

- number：需要排位的数值或单元格。
- ref：单元格区域，用来说明排位的范围。其中的非数值型数据将被忽略。
- order：指明排位的方式。为 0 或者省略时，对数值的排位是基于降序排列的列表；非 0 时，对数值的排位是基于升序排列的列表。

RANK 函数示例如图 4-37 所示。

	A	B	C	D
1	数据	函数	结果	说明
2	5	=RANK(A2, A2:A7)	3	A2在A2:A7单元格区域中排位是3
3	2	=RANK(A3, A2:A7)	4	A3在A2:A7单元格区域中排位是4
4	9	=RANK(A4, A2:A7)	1	A4在A2:A7单元格区域中排位是1
5	1	=RANK(A5, A2:A7)	6	因为有2个排位是4的数字，所以A5的排位是6
6	2	=RANK(A6, A2:A7)	4	A6与A3值相同，排位都是4
7	8	=RANK(A7, A2:A7)	2	A7在A2:A7单元格区域中排位是2

图 4-37

【例4-9】计算选手的排名。

基于例4-8中位数法求出的选手最终得分，计算排名情况。

在 H2 单元格中输入公式 "=RANK(G2,G2:G5)"；复制 H2 单元格中的公式至 H3～H5 单元格中，结果如图 4-38（a）所示。可以看出结果出现了三个第一名的错误情况，原因是当公式复制到 H3 单元格时改变为 "=RANK(G3,G3:G6)"，注意排位范围变化为 G3:G6，而正确的排位范围应该为 G2:G5，所以排位范围参数需要使用单元格的绝对引用，即$G$2:$G$5，这样就能保证在复制单元格时，排位的范围不会改变。

视频 4-3　例4-9

重新在 H2 单元格中输入公式 "=RANK(G2,$G$2:$G$5)"；复制 H2 单元格中的公式至 H3～H5 单元格中，正确的结果如图 4-38（b）所示。

	A	B	C	D	E	F	G	H
1	姓名	评委A给分	评委B给分	评委C给分	评委D给分	评委E给分	最终得分	排名
2	陈涛	9.5	10	5	8.9	9	9.00	2
3	侯明斌	10	9.2	9.3	4	9.5	9.30	1
4	李华	9.1	9	7	8.5	8.9	8.90	1
5	李淑子	10	8	7.5	7	8.8	8.00	1

（a）

	A	B	C	D	E	F	G	H
1	姓名	评委A给分	评委B给分	评委C给分	评委D给分	评委E给分	最终得分	排名
2	陈涛	9.5	10	5	8.9	9	9.00	2
3	侯明斌	10	9.2	9.3	4	9.5	9.30	1
4	李华	9.1	9	7	8.5	8.9	8.90	3
5	李淑子	10	8	7.5	7	8.8	8.00	4

（b）

图 4-38

4.3.3　逻辑函数

1. 与函数 AND

语法格式：AND(logical1[,logical2,…])

函数功能：返回参数列表逻辑"与"的结果。当所有参数均为 TRUE（真）时，返回 TRUE；只要有一个参数为 FALSE（假）时，返回 FALSE。

参数说明如下。

- 参数必须是逻辑值 TRUE 或 FALSE。如果指定的单元格区域包含非逻辑值，则 AND 函数将返回错误值#VALUE!。

AND 函数示例如图 4-39 所示。

	A	B	C	D
1	数据	函数	结果	说明
2	80	=AND(A2>0, A2<=100)	TRUE	如果A2大于0并且小于或等于100，A2值为80，满足条件，返回TRUE
3	150	=AND(A3>0, A3<=100)	FALSE	如果A3大于0并且小于或等于100，A3值为150，不满足条件，返回FALSE

图 4-39

2. 或函数 OR

语法格式：OR(logical1[, logical2,…])

函数功能：返回参数列表逻辑"或"的结果。只要有一个参数为 TRUE 时，返回 TRUE；所有参数均为 FALSE 时，返回 FALSE。参数说明类似于 AND 函数。

OR 函数示例如图 4-40 所示。

	A	B	C	D
1	数据	函数	结果	说明
2	85	=OR(A2>=90,A3>=90)	FALSE	A2和A3单元格的值均不满足条件，返回FALSE
3	70	=OR(A2>=80,A3>=80)	TRUE	A2单元格的值满足条件，返回TRUE

图 4-40

3. 分支函数 IF

语法格式：IF(logical_test,value_if_true,value_if_false)

参数说明如下。

- logical_test：逻辑表达式，其结果可能是 TRUE 或 FALSE。
- value_if_true：当 logical_test 结果为 TRUE 时，函数的返回值。
- value_if_false：当 logical_test 结果为 FALSE 时，函数的返回值。

IF 函数示例如图 4-41 所示。

	A	B	C	D
1	数据	函数	结果	说明
2	5	=IF(A2>=0, 1, -1)	1	如果A2单元格的值大于或等于0，则返回1；否则返回-1
3	0	=IF(A3>=0, 1, -1)	1	如果A3单元格的值大于或等于0，则返回1；否则返回-1
4	-6	=IF(A4>=0, 1, -1)	-1	如果A4单元格的值大于或等于0，则返回1；否则返回-1

图 4-41

【例 4-10】评价学生全科优秀。

图 4-42 中 B2:C5 单元格区域显示了学生数学和语文两门课程的成绩，当两门课程的成绩均大于等于 90 时，显示"全科优秀"。

① 在 D2 单元格中输入公式"=IF(AND(B2>=90,C2>=90),"全科优秀","")"。其中，IF 的第一个参数"AND(B2>=90,C2>=90)"表示当 B2 和 C2 单元格的值均大于等于 90 时结果为 TRUE，IF 将返回"全科优秀"；否则结果为 FALSE，IF 将返回空字符串。

② 复制 D2 单元格中的公式至 D3~D5 单元格中。

结果如图 4-42 所示。

D3		▾	:	× ✓	fx	=IF(AND(B3>=90,C3>=90),"全科优秀","")	
	A	B	C	D	E	F	G
1	姓名	数学	语文	评价			
2	赵东	95	89				
3	陈晓民	90	92	全科优秀			
4	王宏	80	88				
5	刘斌斌	86	98				

图 4-42

【例 4-11】评价学生是全科优秀还是单科优秀。

图 4-43 中 B2:C5 单元格区域显示了学生数学和语文两门课程的成绩，当两门课程的成绩均大于等于 90 时，显示"全科优秀"；当任意一科成绩大于等于 90 时，显示"单科优秀"。

① 在 D2 单元格中输入公式："=IF(AND(B2>=90,C2>=90),"全科优秀",IF(OR(B2>=90,C2>=90),

"单科优秀",""))"。其中，IF 的第一个参数 "AND(B2>=90,C2>=90)" 表示当 B2 和 C2 单元格的值均大于等于 90 时结果为 TRUE，IF 将返回 "全科优秀"；否则执行嵌套的 IF 函数，"OR(B2>=90,C2>=90)" 表示当 B2 和 C2 单元格的任意一个值大于等于 90 时结果为 TRUE，将返回 "单科优秀"；否则返回空字符串。

② 复制 D2 单元格中的公式至 D3～D5 单元格中。

结果如图 4-43 所示。

D2		× ✓ fx	=IF(AND(B2>=90,C2>=90),"全科优秀",IF(OR(B2>=90,C2>=90),"单科优秀",""))							
	A	B	C	D	E	F	G	H	I	J	K
1	姓名	数学	语文	评价							
2	赵东	95	89	单科优秀							
3	陈晓民	90	92	全科优秀							
4	王宏	80	88								
5	刘斌斌	86	98	单科优秀							

图 4-43

4.3.4 文本函数

1. 文本字符串长度函数 LEN

语法格式：LEN(text)

函数功能：返回指定文本字符串的字符个数。文本字符串中的空格作为字符进行计数。

LEN 函数示例如图 4-44 所示。

	A	B	C	D
1	数据	函数	结果	说明
2	Office Excel	=LEN(A2)	12	统计A2中文本字符个数

图 4-44

【例 4-12】检查手机号码的位数是否正确。

检查图 4-45 中 B2:B5 单元格区域中按文本处理的手机号码，如果手机号码位数不是 11 位，显示 "错误位数" 的警告信息。

① 在 C2 单元格中输入公式 "=IF(LEN(B2)=11,"","错误位数")"，其中，"LEN(B2)=11" 是检查 B2 单元格的文本长度是否等于 11，等于则返回空字符串，不等于则返回 "错误位数"。

② 复制 C2 单元格公式至 C3～C5 单元格中。

结果如图 4-45 所示。

C2		× ✓ fx	=IF(LEN(B2)=11,"","错误位数")	
	A	B	C	D
1	姓名	手机号码	手机号码位数	
2	宋洪博	13212345678		
3	刘丽	178123476	错误位数	
4	陈涛	15612340099		
5	侯明斌	13312341	错误位数	

图 4-45

2. 左侧截取文本字符串函数 LEFT

语法格式：LEFT(text [,num_chars])

函数功能：从文本字符串的第一个字符开始，返回指定个数的字符。

参数说明如下。

- text：要提取字符的文本。
- num_chars：提取字符的个数。如果省略，其值为1。

LEFT 函数示例如图 4-46 所示。

	A	B	C	D
1	数据	函数	结果	说明
2	计算机基础	=LEFT(A2,3)	计算机	返回A2中前3个字符
3	刘丽	=LEFT(A3)	刘	返回A3中前1个字符，默认的字符个数为1

图 4-46

3. 右侧截取文本字符串函数 RIGHT

语法格式：RIGHT(text,[num_chars])

函数功能：从文本字符串的最后一个字符开始，返回指定个数的字符。参数说明类似于 LEFT 函数。

RIGHT 函数示例如图 4-47 所示。

	A	B	C	D
1	数据	函数	结果	说明
2	计算机基础	=RIGHT(A2,2)	基础	返回A2中最后2个字符
3	刘丽	=RIGHT(A3)	丽	返回A3中最后1个字符，默认的字符个数为1

图 4-47

4. 截取子串函数 MID

语法格式：MID(text,start_num,num_chars)

函数功能：返回文本字符串中从指定位置开始的指定个数的字符。

参数说明如下。

- text：要提取子串的文本字符串。
- start_num：提取的第一个字符的位置。
- num_chars：提取字符的个数。

MID 函数示例如图 4-48 所示。

	A	B	C	D
1	数据	函数	结果	说明
2	大学生文艺社团	=MID(A2,4,2)	文艺	取出A2中第4个字符开始的2个字符

图 4-48

【例 4-13】从准考证号中获得考点代码、考场号和座位号。

在图 4-49 中，准考证号中的前 3 位表示考点代码；第 4、5 位表示考场号；最后 2 位表示座位号。可使用 LEFT、MID 和 RIGHT 函数完成从准考证号中分别求出考点代码、考场号和座位号。

① 考点代码：在 C2 单元格中输入公式"=LEFT(A2,3)"；复制公式至 C3～C5 单元格。

② 考场号：在 D2 单元格中输入公式"=MID(A2,4,2)"；复制公式至 D3～D5 单元格。

视频 4-4 例 4-13

③ 座位号：在 E2 单元格中输入公式"=RIGHT(A2,2)"；复制公式至 E3～E5 单元格。

结果如图 4-49 所示。

	A	B	C	D	E
1	准考证号	姓名	考点代码	考场号	座位号
2	1010211	宋洪博	101	02	11
3	1020308	刘丽	102	03	08
4	1010223	陈涛	101	02	23
5	1020115	侯明斌	102	01	15

图 4-49

5. 文本字符串替换函数 REPLACE

语法格式：REPLACE (old_text,start_num,num_chars,new_text)

函数功能：使用新字符串从指定起始位置替换旧字符串中指定个数的字符。

参数说明如下。

- old_text：旧字符串。
- start_num：开始替换的位置。
- num_chars：指定替换字符的个数。
- new_text：新字符串。

REPLACE 函数示例如图 4-50 所示。

	A	B	C	D
1	数据	函数	结果	说明
2	计算机工程系	=REPLACE(A2, 4, 2, "科学与技术")	计算机科学与技术系	将A2中第4个字符开始的2个字符用“科学与技术”替换

图 4-50

【例 4-14】隐藏手机号码的中间 5 位。

为了保护个人隐私，需要对手机号码、身份证号码等数据进行脱敏处理。简单易行的方法是使用字符替换，把某些字符替换为特殊字符来达到脱敏效果。

在图 4-51 中 E2:E5 单元格区域中隐藏 B2:B5 单元格区域中间的 5 位。

① 在 E2 单元格中输入公式“=REPLACE(B2,4,5,"*****")”，其中：4 是 B2 单元格中文本字符串的起始位置；5 是要替换的个数；“*****”是替换的新字符串，该公式的含义是将 B2 单元格中的手机号码从第 4 位开始的 5 位数字串替换为 5 个“*”。

② 打印时，选择打印区域为 D1:E5，打印结果中包含学生的姓名和手机号码部分隐藏的结果，可以有效保护学生的隐私。

结果如图 4-51 所示。

E2　=REPLACE(B2,4,5,"*****")

	A	B	C	D	E
1	姓名	手机号码		姓名	手机号码部分显示
2	宋洪博	13212345678		宋洪博	132*****678
3	刘丽	17812349876		刘丽	178*****876
4	陈涛	15612340099		陈涛	156*****099
5	侯明斌	13312341023		侯明斌	133*****023

图 4-51

视频 4-5　例 4-14

4.3.5 查找函数

1. 索引函数 INDEX

语法格式一：INDEX(array,row_num[,column_num])

语法格式二：INDEX(reference,row_num[,column_num] [,area_num])

函数功能：返回指定的行与列交叉处的单元格引用或值。

参数说明如下。

- array：单元格区域或常量数组。
- reference：是对一个或多个单元格区域的引用。
- row_num：是一个数值，表示第几行。
- column_num：是一个数值，表示第几列。
- area_num：是一个数值，表示选择第几个单元格引用区域。

INDEX 函数示例如图 4-52 所示。

	A	B	C	D	E
1	数据	数据	函数	结果	说明
2	陈洪	良好	=INDEX(A2:B3,1,2)	良好	返回A2:B3单元格区域中第1行第2列交叉处的值
3	刘畅	及格			

图 4-52

2. 查找位置函数 MATCH

语法格式：MATCH(lookup_value,lookup_array[,match_type])

函数功能：在指定范围的单元格区域中查找特定的值，然后返回该值在此区域中的相对位置。

参数说明如下。

- lookup_value：要查找的值，可以为数值、文本或逻辑值。
- lookup_array：查找的单元格区域。
- match_type：取值为 1、0 或-1。如果为 1，则 lookup_array 必须按照升序排列；如果为-1，则按照降序排列；如果为 0，则可以按照任何顺序排列。默认值为 1。

MATCH 函数示例如图 4-53 所示。

	A	B	C	D
1	数据	函数	结果	说明
2	李晓燕	=MATCH("陈建国",A2:A5,0)	4	在A2:A5单元格区域中查找"陈建国"的相对位置
3	王文涛			
4	李媛			
5	陈建国			

图 4-53

3. 匹配函数 LOOKUP

语法格式：LOOKUP(lookup_value,lookup_vector,result_vector)

函数功能：在一行或一列中查找值，返回另一行或另一列中相同位置的值。

参数说明如下。

- lookup_value：要查找的值。
- lookup_vector：查找的单元格区域，只包含一行或一列的区域，必须以升序排列。
- result_vector：结果的单元格区域，只包含一行或一列的区域。result_vector 参数必须与 lookup_vector 大小相同。

【例 4-15】显示学生物理成绩的评定结果。

在图 4-54 中求出学生的物理成绩评定结果，按照物理成绩分别显示为："不及格""及格""中等""良好""优秀"。

在 F2 单元格中输入公式"=LOOKUP(E2,{0,60,70,80,90},{"不及格","及格","中等","良好","优秀"})"，表示在数组{0,60,70,80,90}中查找小于等于 E2 中的值（87）的最大值（80），然后返回{"不及格","及格","中等","良好","优秀"}中与 80 对应的值"良好"。复制 F2 单元格的公式至 F3～F5 单元格。注意：{0,60,70,80,90}必须按升序排列。

结果如图 4-54 所示。

	A	B	C	D	E	F	G	H	I	J
1	班级	姓名	高等数学	英语	物理	物理成绩评定				
2	财务01	宋洪博	73	68	87	良好				
3	财务01	刘丽	61	68	87	良好				
4	财务01	陈涛	88	93	78	中等				
5	财务01	侯明斌	84	78	88	良好				

F2 单元格公式：=LOOKUP(E2,{0,60,70,80,90},{"不及格","及格","中等","良好","优秀"})

图 4-54

视频 4-6　例 4-15

4. 按列匹配函数 VLOOKUP

VLOOKUP 函数是个常被频繁使用的函数，可以实现灵活的查找操作。

语法格式：VLOOKUP(lookup_value,table_array,col_index_num [,range_lookup])

函数功能：在指定的单元格区域中查找给定值，返回该值同一行指定列中所对应的值。

参数说明如下。

- lookup_value：需要查找的数据，可以是常量，也可以是单元格引用。
- table_array：需要查找的范围，应该是大于两列的单元格区域。第一列中的值对应 lookup_value 要查找的数据，如果不在第一列中，则函数返回错误。
- col_index_num：一个数值，表示最终返回的内容在查找范围区域内的第几列，即列号。
- range_lookup：如果为 TRUE 或省略，则返回近似匹配值；如果为 FALSE 或 0，则返回精确匹配值。

VLOOKUP 函数的参数比较多，通俗地说，第一个参数：找什么；第二个参数：在哪里找；第三个参数：要第几列的数；第四个参数：写 0。

【例 4-16】按照姓名查询性别。

在图 4-55 中 H2 单元格中输入某学生姓名后，I2 单元格显示出该学生的性别。

① 在 H2 单元格中输入要查的学生姓名，如"刘丽"。

② 在 I2 单元格中输入公式"=VLOOKUP(H2,B2:C5,2,0)"，该公式的含义是在 B2:C5 单元格区域中查找 H2 单元格值（刘丽），找到则返回第 2 列对应的值。注意：这里的查找区域必须从 B 列开始，B2:D5、B2:E5、B2:F5 均可以，但是 A2:C5 是错误的；2 是指查询区域 B2:C5 中的第 2 列即 C 列，而不是工作表的第 2 列；0 表示精确匹配查找。

结果如图 4-55 所示。使用 VLOOKUP 函数还可以按照姓名查询该学生的高等数学、英语和物理的成绩。

	A	B	C	D	E	F	G	H	I	J
1	班级	姓名	性别	高等数学	英语	物理		姓名	性别	
2	财务01	宋洪博	男	73	68	87		刘丽	女	
3	财务01	刘丽	女	61	68	87				
4	财务01	陈涛	男	88	93	78				
5	财务01	侯明斌	男	84	78	88				

I2 单元格公式：=VLOOKUP(H2,B2:C5,2,0)

图 4-55

提示

VLOOKUP 函数的第 3 个参数中的列号是需要返回的数据在查找区域中的第几列，而不是实际工作表的列号。如果有多个满足条件的记录，VLOOKUP 函数默认只能返回第一个查找到的记录。

5. 按行匹配函数 HLOOKUP

HLOOKUP 函数与 VLOOKUP 函数的语法相同，这里不再赘述。功能区别在于：HLOOKUP

函数是按行匹配；而 VLOOKUP 函数是按列匹配。

【例 4-17】按照学生姓名查询班级。

在图 4-56 中 H2 单元格中输入某学生姓名后，I2 单元格显示出该学生的班级。

查找最常使用的是 VLOOKUP 函数，如果在 I2 单元格中输入公式 "=VLOOKUP(H2,A2:F5,1,0)"，结果出现错误。产生错误的原因是查找范围 A2:F5 单元格区域中的第一列中的数据不能对应 H2 中要搜索的姓名。在本例的工作表中，按照姓名使用 VLOOKUP 函数可以查询到姓名右侧列中的信息，如"性别""高等数学""英语"和"物理"。而要查找的"班级"列在"姓名"列的左侧，不能使用 VLOOKUP 函数完成查找，同样，HLOOKUP 函数也无法完成，而是使用 INDEX 函数嵌套 MATCH 函数。

在 I2 单元格中输入公式 "=INDEX(A:A,MATCH(H2,B:B,0))"，其中：MATCH(H2,B:B,0)返回查找区域 B 列中等于 H2 单元格值（冯天民）的行号（4），INDEX(A:A,4)返回 A 列第 4 行的单元格值（财务 02）；0 表示无序数据。

结果如图 4-56 所示。

	A	B	C	D	E	F	G	H	I
1	班级	姓名	性别	高等数学	英语	物理		姓名	班级
2	财务01	宋洪博	男	95	81	90		冯天民	财务02
3	财务01	刘丽	女	76	85	82			
4	财务02	冯天民	男	70	77	89			
5	财务02	李小明	女	57	70	71			

I2 单元格公式栏：=INDEX(A:A,MATCH(H2,B:B,0))

图 4-56

4.3.6 日期和时间函数

1. 生成日期函数 DATE

语法格式：DATE(year,month,day)

函数功能：生成指定的日期。

参数说明如下。

- year：表示年，取值范围为 1900～9999 之间的整数。
- month：表示月，取值范围为 1～12 之间的整数。
- day：表示日，取值范围为 1～31 之间的整数。

DATE 函数示例如图 4-57 所示。

	A	B	C	D	E	F
1	数据	数据	数据	函数	结果	说明
2	2023	6	12	=DATE(A2, B2, C2)	2023/6/12	通过A2、B2、C2生成日期

图 4-57

2. 获取当前日期函数 TODAY

语法格式：TODAY( )

函数功能：返回系统当前的日期。

3. 获取当前日期和时间函数 NOW

语法格式：NOW( )

函数功能：返回系统当前的日期和时间。

4. 获取日期中的年份函数 YEAR

语法格式：YEAR(serial_number)

函数功能：serial_number 为一个日期值，返回其中包含的年份。

5. 获取日期中的月份函数 MONTH

语法格式：MONTH (serial_number)

函数功能：serial_number 为一个日期值，返回其中包含的月份。

6. 获取日期中的日函数 DAY

语法格式：DAY (serial_number)

函数功能：serial_number 为一个日期值，返回其中包含的第几天的数值。

日期和时间函数示例如图 4-58 所示（假设系统当前日期为 2023 年 6 月 12 日）。

	A	B	C	D
1	日期	函数	结果	说明
2		=TODAY()	2023/6/12	显示当前日期
3		=NOW()	2023/6/12 15:40:36	显示当前日期和时间
4	2003/7/12	=YEAR(A4)	2003	显示A4单元格的年
5		=MONTH(A4)	7	显示A4单元格的月
6		=DAY(A4)	12	显示A4单元格的日

图 4-58

【例 4-18】按照学生的出生日期求出年龄。

如果工作表中有"出生日期"列，则"年龄"列可以通过计算获得，当进入新一年时，打开工作表每位学生的年龄会自动加一；如果采用手工输入年龄的方法，则不仅容易发生输入错误，在进入新一年时还必须手工修改每位学生的年龄。因此，在设计工作表时采用"出生日期"列为原始输入数据更加合理。

① 在 D2 单元格中输入公式"=YEAR(TODAY())-YEAR(C2)"，其中：YEAR(TODAY())求出当前日期的年份。例如，当前日期是 2018 年 11 月 22 日，则返回结果是 2018；YEAR(C2)的值是 1997，公式的结果为 21。如果公式的结果显示为日期型格式，则需要将显示格式设置为"数值"。

② 将 D2 单元格的公式复制到 D3～D5 单元格中。

结果如图 4-59 所示。

D2				fx	=YEAR(TODAY())-YEAR(C2)	
	A	B	C	D	E	
1	班级	姓名	出生日期	年龄		
2	财务01	宋洪博	1997/4/5	21		
3	财务01	刘丽	1997/10/18	21		
4	财务01	陈涛	1997/12/3	21		
5	财务01	侯明斌	1999/1/1	19		

图 4-59

视频 4-7 例 4-18

4.4 应用实例——学生成绩表的函数计算

学生工作簿文件中通常包含学生表、学生成绩表等工作表，在学生表中，需要按照身份证号码计算学生的出生日期、年龄和性别等；在学生成绩表中，需要使用多种函数计算学生的总成绩、平均成绩、优良率、GPA（平均学分绩点）成绩、最高分、最低分、成绩评定、排名等。

1. 根据身份证号码计算学生的出生日期、年龄和性别

在许多的 Excel 工作表中都会存储"身份证号码"数据，可能同一张表中还需要出生日期、年龄和性别等数据，如果手工输入这些数据，不仅数据量比较大，而且容易输入错误。用户可以通过函数从身份证号码中求出出生日期、年龄和性别，有效地避免了手工输入可能造成的错误，并且可

以实现每到新的一年时，所有学生的年龄自动增加一岁。

（1）已知学生身份证号码，计算学生的出生日期和年龄。身份证号码共 18 位，以一个假设的身份证号码"199102199710155678"为例，其中第 7～10 位是出生年，第 11～12 位是出生月，第 13～14 位是出生日。身份证号码是文本类型的数据，可以采用文本字符串函数 MID 将出生年、月、日分别求出，然后用日期函数 DATE 生成出生日期。

① 文本格式输入"身份证号码"。选中 A2 单元格，先输入英文字符单撇号后再输入 18 位的数字串。

② 计算"出生日期"。在 B2 单元格中输入公式"=DATE(MID(A2,7,4),MID(A2,11,2),MID(A2,13,2))"，将 B2 单元格显示格式设为"长日期"的形式。将 B2 单元格中的公式复制到 B3 单元格。

③ 计算"年龄"。在 C2 单元格中输入公式"=YEAR(TODAY())-YEAR(B2)"。其中的 TODAY() 函数求出系统当前日期，例如，当前日期是 2019 年 3 月 5 日，则 YEAR(TODAY()) 的结果为 2019，YEAR(B2) 的结果为 1997，二者相减的结果为 22。或者可以用公式"=INT((TODAY()-B2)/365)"来计算周岁年龄，其中 TODAY()-B2 的结果是总天数，除以每年 365 天，再用 INT 函数取整。将 C2 单元格中的公式复制到 C3 单元格。

结果如图 4-60 所示。

（2）已知学生身份证号码，求出学生的性别。身份证号码共 18 位，以一个假设的身份证号码"199102199710155678"为例，其中第 17 位表示"性别"，当该位是奇数时，性别为"男"；当该位是偶数时，性别为"女"。所以首先使用函数 MID 取出第 17 位，然后使用函数 MOD 与 2 取余数，如果结果是 1，则表示是奇数则返回"男"，否则返回"女"。

① 在 D2 单元格中输入公式"=IF(MOD(MID(A2,17,1),2)=1,"男","女")"。表示将第 17 位取出后判断是否为奇数，是则返回"男"，否则返回"女"。

② 将 D2 单元格的公式复制到 D3 单元格即可。

结果如图 4-61 所示。

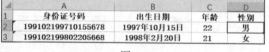

	A	B	C	D
1	身份证号码	出生日期	年龄	性别
2	199102199710155678	1997年10月15日	22	
3	199102199802205668	1998年2月20日	21	

图 4-60

	A	B	C	D
1	身份证号码	出生日期	年龄	性别
2	199102199710155678	1997年10月15日	22	男
3	199102199802205668	1998年2月20日	21	女

图 4-61

2. 学生和课程成绩统计分析

学校经常需要对学生或课程的总成绩、平均成绩、最高分、最低分等数据进行统计工作。

（1）计算每位学生的总成绩和平均成绩（保留 2 位小数）。总成绩可以使用 SUM 函数实现，平均成绩可以使用 AVERAGE 函数实现。

① 计算"总成绩"。在 F2 单元格中输入公式"=SUM(C2:E2)"。再将 F2 单元格的公式复制到 F3～F5 单元格。

② 计算"平均成绩"。在 G2 单元格中输入公式"=AVERAGE(C2:E2)"。如果使用"插入函数"的方法选择 AVERAGE 函数，则默认的计算平均值的单元格区域是 C2:F2，其中包含了单元格 F2（总成绩），需要重新选择单元格区域为 C2:E2（只包含 3 门课程）。再将 G2 单元格的公式复制到 G3～G5 单元格。

③ 设置小数位数。选中 G3～G5 单元格区域，在"设置单元格式"对话框中，将小数位数设置为 2 位。

结果如图 4-62 所示。

（2）计算每门课程的最高分、最低分和平均成绩（保留 1 位小数）。计算最高分可以使用 MAX

函数实现，计算最低分可以使用 MIN 函数实现，计算平均成绩可以使用 AVERAGE 函数实现。

① 计算"最高分"。在 C7 单元格中输入公式"=MAX(C2:C5)"，再将 C7 单元格的公式复制到 D7~F7 单元格。

② 计算"最低分"。在 C8 单元格中输入公式"=MIN(C2:C5)"，再将 C8 单元格的公式复制到 D8~F8 单元格。

③ 计算"课程平均成绩"。在 C9 单元格中输入公式"=ROUND(AVERAGE(C2:C5),1)"，再将 C9 单元格的公式复制到 D9~E9 单元格。

结果如图 4-63 所示。

	A	B	C	D	E	F	G
1	班级	姓名	高等数学	英语	物理	总成绩	平均成绩
2	财务01	宋洪博	73	68	87	228	76.00
3	财务01	刘丽	61	68	87	216	72.00
4	财务01	陈涛	88	93	78	259	86.33
5	财务01	侯明斌	84	78	88	250	83.33

图 4-62

	A	B	C	D	E	F	G
1	班级	姓名	高等数学	英语	物理	总成绩	平均成绩
2	财务01	宋洪博	73	68	87	228	76.00
3	财务01	刘丽	61	68	87	216	72.00
4	财务01	陈涛	88	93	78	259	86.33
5	财务01	侯明斌	84	78	88	250	83.33
6							
7	最高分		88	93	88	259	
8	最低分		61	68	78	216	
9	课程平均成绩		76.5	76.8	85.0		

图 4-63

用户在使用 SUM、AVERAGE、MAX、MIN 等函数时，系统会默认一个参与计算的单元格区域，需要用户检查该单元格区域是否正确[例如，本例中"最低分"的函数为"=MIN(C2:C7)"，显然多包含了单元格 C6 和 C7]，如果不正确，需要自行修改单元格区域。

3. 计算成绩评定和排名

计算出学生的平均成绩和总成绩之后，还需要依据这些计算结果给出学生的成绩评定和排名。

（1）给出学生的成绩评定。根据每位学生的平均成绩得到成绩评定，根据不同的平均成绩得到不同的评价结果，可以使用 IF 函数嵌套或者 LOOKUP 函数实现。

方法一：使用 IF 函数嵌套。

在 H2 单元格中输入公式"=IF(G2>=90,"优秀",IF(G2>=80,"良好",IF(G2>=70,"中等",IF(G2>=60,"及格","不及格"))))"。再将 H2 单元格的公式复制到 H3~H5 单元格。

方法二：使用 LOOKUP 函数。

在 H2 单元格中输入公式"=LOOKUP(G2,{0,60,70,80,90},{"不及格","及格","中等","良好","优秀"})"。再将 H2 单元格的公式复制到 H3~H5 单元格。

结果如图 4-64 所示。

	A	B	C	D	E	F	G	H
1	班级	姓名	高等数学	英语	物理	总成绩	平均成绩	成绩评定
2	财务01	宋洪博	73	68	87	228	76.00	中等
3	财务01	刘丽	61	68	87	216	72.00	中等
4	财务01	陈涛	88	93	78	259	86.33	良好
5	财务01	侯明斌	84	78	88	250	83.33	良好

图 4-64

（2）计算学生的排名。根据每位学生的总成绩得到排名，总成绩最高的学生是第 1 名。可以使用 RANK 函数来实现排名，排名的范围是固定的，所以需要使用绝对引用$G$2:$G$5 或混合引用 G$2:G$5。

① 在 J2 单元格中输入公式"=RANK(G2, G$2:G$5)"。

② 将 J2 单元格的公式复制到 J3~J5 单元格。

结果如图 4-65 所示。

	A	B	C	D	E	F	G	H	I	J
1	班级	姓名	性别	高等数学	英语	物理	总成绩	平均成绩	成绩评定	排名
2	财务01	宋洪博	男	73	68	87	228	76.00	中等	3
3	财务01	刘丽	女	61	68	87	216	72.00	中等	4
4	财务01	陈涛	男	88	93	78	259	86.33	良好	1
5	财务01	侯明斌	男	84	78	88	250	83.33	良好	2

图 4-65

4. 统计选课人数、优良率、缺考人数和实考人数

在教学中需要统计每一门课程的选课人数、优良率、缺考人数和实考人数等信息，为评价教学效果提供统计分析的数据。

（1）统计每门课程的选课人数、优良率。统计选课人数可以使用函数 COUNT 实现，计算优良率首先要计算出优良成绩的人数，条件是平均成绩在 80 分（含 80）以上的成绩为优良成绩，可以使用 COUNTIF 函数完成；然后利用优良成绩的人数除以选课人数，所得结果即为优良率。

① 统计"选课人数"。在 D7 单元格中输入公式"=COUNT(D2:D5)"，再将 D7 单元格的公式复制到 E7～F7 单元格。

② 统计"优良率"。在 D8 单元格中输入公式"=COUNTIF(D2:D5,">=80")/COUNT(D2:D5)"。设置显示方式为"百分比"，再将 D8 单元格的公式复制到 E8～F8 单元格。

结果如图 4-66 所示。

	A	B	C	D	E	F	G	H	I	J
1	班级	姓名	性别	高等数学	英语	物理	总成绩	平均成绩	成绩评定	排名
2	财务01	宋洪博	男	73	68	87	228	76.00	中等	3
3	财务01	刘丽	女	61	68	87	216	72.00	中等	4
4	财务01	陈涛	男	88	93	78	259	86.33	良好	1
5	财务01	侯明斌	男	84	78	88	250	83.33	良好	2
6										
7	选课人数			4	4	4				
8	优良率			50%	25%	75%				

图 4-66

（2）统计每门课程的缺考人数和实考人数。如果学生缺考，必然没有成绩，用户可以使用 COUNTBLANK 函数来统计空单元格数量完成缺考人数的统计。如果学生参加了考试，则一定会有成绩，可以使用 COUNTA 函数来统计非空单元格数量完成实考人数的统计。

① 统计"缺考人数"。在 D9 单元格中输入公式"=COUNTBLANK(D2:D7)"，再将 D9 单元格的公式复制到 E9～F9 单元格。

② 统计"实考人数"。在 D10 单元格中输入公式"=COUNTA(D2:D7)"，再将 D10 单元格的公式复制到 E10～F10 单元格。

结果如图 4-67 所示。

	A	B	C	D	E	F	G	H
1	班级	姓名	性别	高等数学	英语	物理	总成绩	平均成绩
2	财务01	宋洪博	男	73	68	87	228	76.00
3	财务01	刘丽	女	61	68	87	216	72.00
4	财务01	陈涛	男	88	93	78	259	86.33
5	财务01	侯明斌	男	84	78	88	250	83.33
6	财务01	王民	男		70	58	128	64.00
7	财务01	李宏	男	58	80		138	69.00
8								
9	缺考人数			1	0	1		
10	实考人数			5	6	5		

图 4-67

5. 按姓名查找总成绩和排名

当输入某个学生姓名后，可以使用 VLOOKUP 函数迅速地查找出该学生的总成绩和排名，而无须浏览全部的学生信息。

① 将单元格 A8 作为用户输入学生姓名的单元格。

② 计算"总成绩"。在 B8 单元格中输入公式"=VLOOKUP(A8,B2:I5,5,FALSE)",根据单元格 A8 输入的姓名,返回姓名右侧第 5 列对应的总成绩,FALSE 表示使用姓名的精确匹配方式。

③ 计算"排名"。在 C8 单元格中输入公式"=VLOOKUP(A8,B2:I5,8,FALSE)",根据单元格 A8 输入的姓名,返回姓名右侧第 8 列对应的排名。

结果如图 4-68 所示,可以看出,当用户在单元格 A8 中输入需要查询的学生姓名,单元格 B8 和 C8 中就会显示该学生的总成绩和排名信息。

	A	B	C	D	E	F	G	H	I
1	班级	姓名	高等数学	英语	物理	总成绩	平均成绩	成绩评定	排名
2	财务01	宋洪博	73	68	87	228	76.00	中等	3
3	财务01	刘丽	61	68	87	216	72.00	中等	4
4	财务01	陈涛	88	93	78	259	86.33	良好	1
5	财务01	侯明斌	84	78	88	250	83.33	良好	2
6									
7	姓名	总成绩	排名						
8	陈涛	259	1						

图 4-68

6. 计算学生的 GPA 平均学分绩点成绩

学生在每学期、每学年或毕业时可能需要计算自己的 GPA 平均学分绩点成绩来评定奖学金、保送研究生或申请出国留学。成绩绩点是根据每门课的成绩计算的,常用的规则是:90 及以上算 4 分,[80,90)算 3 分,[70,80)算 2 分,[60,70)算 1 分,60 以下算 0 分。

平均学分绩点 = ∑(课程学分×成绩绩点)/∑课程学分
　　　　　　 = 各门课程学分绩点之和/各门课程学分之和

以某学生为例,根据该学生选修 5 门课程的学分和成绩,计算该生的 GPA 成绩。

① 计算"绩点"。在 E2 单元格中输入公式"=LOOKUP(D2,{0,60,70,80,90},{0,1,2,3,4})",其中:{0,60,70,80,90}必须按照升序排列,再将 E2 公式复制到 E3~E6 单元格中。

② 计算"GPA 成绩"。在 B8 单元格中输入公式"=SUMPRODUCT(C2:C6,E2:E6)/SUM(C2:C6)",即计算(4×3+2×4+2×2+3×3+1×2)÷(4+2+2+3+1)=2.9167。设置 B8 单元格格式为保留 2 位小数。

结果如图 4-69 所示。

	A	B	C	D	E
1	课程编号	课程名称	学分	成绩	绩点
2	00500501	高等数学	4	88	3
3	00600610	英语	2	93	4
4	00300302	物理	2	78	2
5	00500502	概率论	3	89	3
6	00400211	管理信息系统概论	1	78	2
7					
8	GPA成绩	2.92			

图 4-69

7. 从不同的工作表中获取数据

有时需要将存储在另一张工作表中的数据提取到当前工作表中来,简单的方法是复制、粘贴,但是在某些情况下,复制、粘贴的结果可能导致"张冠李戴"的错误现象,此时需要使用 VLOOKUP 函数来完成。

根据院系代码中的值,填写对应的院系名称。

有两张工作表,"院系代码表"中包含院系代码及所对应的院系名称,如图 4-70 所示;"学生表"

如图 4-71 所示，其中的院系名称列不能通过一次复制、粘贴的简单操作实现，而是通过 VLOOKUP 函数实现。

① 在工作表"学生表"的 C2 单元格中输入公式"=VLOOKUP(B2,院系代码表!$A$2:$B$4,2,0)"，该公式的含义是在工作表"院系代码表"的 A2:B4 单元格区域中查找值等于 B2（"01"）的第 2 列的值（"经济与管理学院"）。0 表示精确匹配方式。

② 将 C2 单元格的公式复制到 C3～C5 单元格。

结果如图 4-72 所示。

	A	B
1	院系代码	院系名称
2	01	经济与管理学院
3	02	数理学院
4	03	计算机学院

图 4-70

	A	B	C	D
1	姓名	院系代码	院系名称	性别
2	陈涛	01		男
3	侯明斌	01		男
4	李文君	03		女
5	于磊	02		男

图 4-71

	A	B	C	D
1	姓名	院系代码	院系名称	性别
2	陈涛	01	经济与管理学院	男
3	侯明斌	01	经济与管理学院	男
4	李文君	03	计算机学院	女
5	于磊	02	数理学院	男

图 4-72

4.5 实用技巧——文本快速处理

除了使用文本函数处理文本字符串，智能填充【Ctrl+E】组合键也是文本字符串处理的利器，它可以自动识别相邻列中的模式并填充当前列。简单来说就是通过对比字符串之间的关系，智能识别出其中规律，完成快速填充。

【Ctrl+E】组合键的应用非常广泛，主要可以实现以下的文本字符串处理操作。

1. 拆分字符串

拆分字符串是把一列文本数据分散在不同列中。例如，在录入数据时把姓名和手机号码录入同一列，需要把姓名和手机号码分开到不同列。

① 将 A2 单元格中的姓名复制到 B2 单元格中，然后再按下【Ctrl+E】组合键即可完成其他行的拆分。

② 将 A2 单元格中的手机号码复制到 C2 单元格中，然后再按下【Ctrl+E】组合键即可完成其他行的拆分。

拆分字符串结果如图 4-73 所示。

	A	B	C
1	数据	姓名	手机号码
2	宋洪博13212345678	宋洪博	13212345678
3	刘丽17812349876	刘丽	17812349876
4	陈涛15612340099	陈涛	15612340099
5	侯明斌13312341023	侯明斌	13312341023

图 4-73

2. 合并字符串

合并字符串是把分散在不同列的文本数据合并到一列中。例如，将"市""区"和"街道"三列的文本数据合并到"家庭地址"列中。

① 将 B2 单元格中的"北京"复制到 E2 单元格中，并输入"市"；然后将 C2 单元格中的"海淀"复制到 E2 单元格中，并输入"区"；然后将 D2 单元格中的"中关村"复制到 E2 单元格中，并输入"街道"。完成 E2 单元格的合并。

② 按下【Ctrl+E】组合键即可完成其他行的合并。

合并字符串结果如图 4-74 所示。

	A	B	C	D	E
1	姓名	市	区	街道	家庭地址
2	宋洪博	北京	海淀	中关村	北京市海淀区中关村街道
3	刘丽	西安	未央	大明宫	西安市未央区大明宫街道
4	陈涛	上海	黄埔	金陵东路	上海市黄埔区金陵东路街道
5	侯明斌	乌鲁木齐	新市	迎宾路	乌鲁木齐市新市区迎宾路街道

图 4-74

3. 替换字符串

替换字符串是把原字符串中某些字符批量替换掉。例如，将图 4-75 中虚拟身份证号码中的出生日期用星号 "*" 替换，实现身份证号码的脱敏。

① 将 B2 单元格中的身份证号码复制到 C2 单元格中，然后将其中的出生日期用 "*" 替换。

② 按下【Ctrl+E】组合键即可完成其他行的替换。

替换字符串结果如图 4-75 所示。

	A	B	C
1	姓名	身份证号码	身份证号码脱敏
2	宋洪博	222888199704051111	222888*1111
3	刘丽	777888199710182222	777888*2222
4	陈涛	666888199712033333	666888*3333
5	侯明斌	555888199901014444	555888*4444

图 4-75

4. 添加字符串

添加字符串功能是在原有字符串基础上批量添加额外字符。例如，将手机号码用 "-" 符号分段显示。

① 将 B2 单元格中的手机号码复制到 C2 单元格中，然后分别在第 3 位数字和第 7 位数字后插入 "-" 符号。

② 按下【Ctrl+E】组合键即可完成其他行的 "-" 符号添加。

添加字符串结果如图 4-76 所示。

5. 重组字符串

重组字符串主要是把原字符串重新排列。例如，图 4-77 的 "原数据" 中将职务和姓名填写在一起，中间仅用空格分隔，可以将其重组成姓名（职务）的格式，这样用户更容易辨识。

① 将 A2 单元格中姓名复制到 B2 单元格中，输入 "（" 符号，然后复制职务，输入 "）" 符号。

② 按下【Ctrl+E】组合键即可完成其他行的数据重组。

重组字符串结果如图 4-77 所示。

	A	B	C
1	姓名	手机号码	手机号码分段显示
2	宋洪博	13212345678	132-1234-5678
3	刘丽	17812349876	178-1234-9876
4	陈涛	15612340099	156-1234-0099
5	侯明斌	13312341023	133-1234-1023

图 4-76

	A	B
1	原数据	重组数据
2	班长 宋洪博	宋洪博（班长）
3	生活委员 刘丽	刘丽（生活委员）
4	学习委员 陈涛	陈涛（学习委员）
5	物理课代表 侯明斌	侯明斌（物理课代表）

图 4-77

虽然【Ctrl+E】组合键使用简单，但是不能保证任何情况下操作都是正确的。当数据量少时可以优先使用，完成后通过目测可以快速检查生成的数据是否正确。但是当数据量多并且重要时，还是推荐使用可靠性高的函数完成这些功能。

课堂实验

一、实验目的

（1）掌握函数的基本使用方法。

（2）掌握典型函数的综合应用。

二、实验内容

（1）打开实验素材中的文件"实验 4.xlsx"，在 Sheet1 工作表中，按下列要求完成操作。

① 利用公式，计算出销售额。销售额=定价×数量。

② 利用 RANK 函数，计算出销售额排名。

③ 利用 AVERAGE 函数，计算出定价平均值。

④ 利用 MEDIAN 函数，计算出定价中位数。

⑤ 利用 MAX 函数，计算出最高定价。

⑥ 利用 MIN 函数，计算出最低定价。

⑦ 利用 AVERAGEIF 函数，计算出不同书店的销售额平均值（保留 1 位小数）。

⑧ 利用 SUMIF 函数，计算出不同书店的销售总数量。

样例：

	A	B	C	D	E	F	G	H	I	J
1	书店名称	图书名称	定价/元	数量/本	销售额/元	销售额排名		书店名称	销售额平均值/元	销售总数量/本
2	鼎盛轩书店	C语言程序设计	39.40	120	4728.00	2		鼎盛轩书店	2479.6	385
3	鼎盛轩书店	Java语言程序设计	40.60	50	2030.00	9		博达书店	3511.0	360
4	博达书店	Access数据库程序设计	38.60	80	3088.00	4				
5	鼎盛轩书店	MySQL数据库程序设计	39.20	60	2352.00	5				
6	博达书店	MS Office高级应用	36.30	150	5445.00	1				
7	鼎盛轩书店	网络技术	34.90	60	2094.00	7				
8	博达书店	操作系统原理	41.10	50	2055.00	8				
9	鼎盛轩书店	计算机组成与接口	37.80	40	1512.00	10				
10	博达书店	数据库原理	43.20	80	3456.00	3				
11	鼎盛轩书店	软件工程	39.30	55	2161.50	6				
12										
13		定价平均值	39.04							
14		定价中位数	39.25							
15		最高定价	43.20							
16		最低定价	34.90							

（2）打开实验素材中的文件"实验 4.xlsx"，在 Sheet2 工作表中，按下列要求完成操作。

① 利用 REPLACE 函数，只保留经理姓名中的第 1 个汉字，其余汉字用"经理"替换，实现经理姓名的脱敏处理。

② 利用 VLOOKUP 函数，根据给出的书店名称，查询出对应的经理姓名脱敏和电话。

③ 利用 INDEX 和 MATCH 函数嵌套，根据给出的经理姓名，查询出对应的书店名称和所在市信息。

样例：

	A	B	C	D	E
1	书店名称	市	经理	电话	经理姓名脱敏
2	鼎盛轩书店	上海	王建华	15012348866	王经理
3	博达书店	石家庄	刘宏	14010008001	刘经理
4	春暖花开书店	北京	赵晓婷	16022551234	赵经理
5	启航书店	武汉	李丽丽	17012349002	李经理
6	无限创意书店	天津	吴文珊	15023188321	吴经理
7					
8					
9		书店名称	经理姓名脱敏	电话	
10		博达书店	刘经理	14010008001	
11					
12					
13		经理	书店名称	市	
14		赵晓婷	春暖花开书店	北京	

（3）打开实验素材中的文件"实验 4.xlsx"，在 Sheet3 工作表中，按下列要求完成操作。

① 利用 LEFT 函数，根据每个销售员的"销售部门"，从左侧提取出 2 个字符作为"销售类别"。

② 利用 MID 函数，根据每个销售员的"销售部门"，从第 4 个字符开始提取出 1 个字符作为"销售组"。

③ 利用 IF 和 AND 函数嵌套，当 4 个季度的客户满意度均大于等于 4.5 时，"奖励"为"年度优秀奖"；否则，不显示任何信息。

样例：

	A	B	C	D	E	F	G	H	I
1	销售部门	销售类别	销售组	销售员	第1季度客户满意度	第2季度客户满意度	第3季度客户满意度	第4季度客户满意度	奖励
2	文学类A组	文学	A	宋晓松	4.2	4.6	3.9	4.3	
3	历史类A组	历史	A	刘丽	4.6	4.5	4.8	4.6	年度优秀奖
4	文学类B组	文学	B	陈涛	3.8	4	3.9	4.3	
5	文学类A组	文学	A	李明明	4.4	4.6	4.7	4.3	

（4）打开实验素材中的文件"实验 4.xlsx"，在 Sheet4 工作表中，按下列要求完成操作。

① 利用日期函数，根据"入职日期"计算出"工龄/年"（样例计算的日期为 2023 年 6 月 12 日）。

② 利用 IF 函数，如果"工龄"未满 1 年，则"备注"为"实习员工"；否则，"备注"为"正式员工"。

③ 利用 COUNTIF 函数，计算出男、女员工的比例，并用百分比显示。

样例：

	A	B	C	D	E	F	G	H
1	姓名	性别	入职日期	工龄/年	备注		性别	比例
2	王建华	男	2000/2/3	23	正式员工		男	40%
3	宋晓松	女	2018/12/16	5	正式员工		女	60%
4	刘丽	女	2023/1/5	0	实习员工			
5	陈涛	男	2008/11/20	15	正式员工			
6	李明明	女	2010/6/21	13	正式员工			

习　题

一、单项选择题

1. C7 单元格的公式中有绝对引用"=SUM($C$3:$C$6)"，把它复制到 C8 单元格后，其公式为_____。

  A. = SUM (C3:C6)   B. = SUM ($C$3:$C$6)

  C. = SUM ($C$4:$C$7)   D. = SUM (C4:C7)

2. 对 A1 单元格中保留 1 位小数四舍五入，并将结果保存在 D2 单元格中，应输入公式_____。

  A. =ROUND(A1,1)   B. =ROUND(A1)   C. =INT(A1)   D. =SUM(A1)

3. 公式"=IF(1>2,3,4)"的返回值是_____。

  A. 1   B. 2   C. 3   D. 4

4. 关于公式"=INDEX(A:A,MATCH(H2,B:B,0))"中函数的执行顺序，描述正确的是_____。

  A. 先执行 INDEX，后执行 MATCH   B. 先执行 MATCH，后执行 INDEX

  C. 同时执行 INDEX 和 MATCH   D. 公式错误，无法执行

5. 若 B2 单元格中是出生日期（2000/12/1），在 C2 单元格中输入_____可以得到年龄。

  A. =TODAY()   B. =YEAR(TODAY())

  C. =YEAR(B2)   D. =YEAR(TODAY())−YEAR(B2)

6. 统计 A1:B16 单元格区域的非空单元格数量的公式是_____。

A. =COUNTA(A1:B16)　　　　　　　B. =COUNTBLANK(A1:B16)

C. =COUNT (A1:B16)　　　　　　　　D. =COUNTIF(A1:B16)

7. 若 A2 单元格的值是 3，B2 单元格的值是 15，则公式"=AND(A2>10,B2>10)"的结果是_____。

A. 3　　　　　　B. 15　　　　　　C. TRUE　　　　　　D. FLASE

8. 若 A2 单元格的值是"531100110088"，B2 单元格的公式为"=MID(A2,3,6)"，则 B2 单元格显示的内容为_____。

A. 531100　　　　B. MID(A2,3,6)　　　C. 110011　　　　D. 110088

9. 若 A2 单元格的值是"13811110088"，B2 单元格的公式为"=REPLACE(A2,4,5,"*")"，则 B2 单元格显示的内容为_____。

A. 13811110088　　B. 138*****088　　C. 138*088　　　D. ***********

10. 若 A1:A6 单元格区域的值是{5,9,3,1,2,6}，则公式"=MEDIAN(A1:A6)"的结果是_____。

A. 4　　　　　　B. 3　　　　　　C. 5　　　　　　D. 6

11. 若单元格 A1=72，A2=56，A3=87，A4=69，则函数 COUNTIF(A1:A4,">=60")的值是_____。

A. 4　　　　　　B. 3　　　　　　C. 2　　　　　　D. 1

12. 若单元格 C1=-1，则函数 IF(C1>1,1,IF(C1<1,-1,0))的值是_____。

A. 1　　　　　　B. 0　　　　　　C. -1　　　　　　D. 任意值

13. 公式"=VLOOKUP(H2,B2:C5,2,0)"中的数字 2 表示返回的是_____。

A. 第 2 行　　　　B. 第 3 行　　　　C. B 列　　　　D. C 列

14. 在单元格中输入"=6+16+MIN(16,6)"，该单元格将显示_____。

A. 38　　　　　　B. 28　　　　　　C. 22　　　　　　D. 44

15. _____不属于函数嵌套使用的形式。

A. =YEAR(TODAY())　　　　　　　　B. =ROUND(AVERAGE(A1:A5),2)

C. =SUM(INT(A1),ROUND(A3))　　　　D. =SUM(A1:A5)-MAX(A1:A5)

二、判断题

1. 在一个单元格中输入公式"=AVERAGE(B1:B3)"，则该单元格显示的结果是(B1+B2+B3)/3 的值。　　　　　　　　　　　　　　　　　　　　　　　　　（　　　）

2. ROUND 函数与数字格式中的小数位数设置实现的功能完全相同。　　（　　　）

3. 若 A1 单元格中为出生日期(如 1999/10/5)，在 B1 单元格输入函数公式"=(TODAY()-A1)/365"，可以计算年龄。　　　　　　　　　　　　　　　　　　　　　　（　　　）

4. 工作表从 A 列开始，依次分别为"班级""学号""姓名""性别"和"出生日期"，使用 VLOOKUP 函数按照给定"姓名"，可以查找出该学生的"班级""学号""性别"和"出生日期"。（　　　）

5. 函数不能嵌套使用。　　　　　　　　　　　　　　　　　　　　　　（　　　）

三、设计实验题

1. 学校组织学生辩论大赛，共有 10 位学生选手，有 6 位评委给每位选手打分（0~10），最终选出 3 位最佳辩手。请将数据输入工作表，显示获得最佳辩手的学生姓名、得分和排名。

2. 请输入一个身份证号码，使用相关的函数判断位数是否正确；求出其出生日期、年龄和性别；并将计算公式保护起来，不允许修改。

第5章
图表

一图胜千言，用户可以将工作表中的数据以图表的形式展示出来。图表可以清楚反映数据之间的关系，方便用户对数据进行分析和对比。本章主要介绍了图表的类型、创建、编辑图表的方法以及设计图表元素等内容。

【学习目标】

- 掌握图表的组成和常用的图表类型。
- 掌握创建和编辑图表的方法。
- 掌握图表设计的方法和图表筛选器的使用。

5.1 图表基础

用户在完成了工作表中数据的输入、计算和统计后，经常会将结果用图表形式清晰、直观地表达出来。

5.1.1 图表组成

图表通常由图表区、绘图区、标题、数据系列、图例、网格线等部分组成，如图 5-1 所示。

（1）图表区。图表区是指图表的全部区域，包含所有的数据信息。选中图表区时，将显示图表元素的边框和用于调整图表区大小的控制点。

（2）绘图区。绘图区是指图表区中以两个坐标轴为边的矩形区域。选中绘图区时，将显示绘图区的边框和用于调整绘图区大小的控制点。

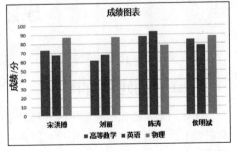

图 5-1

（3）标题。图表的标题显示于绘图区的上方，用于说明图表要表达的主题内容。

（4）数据系列。数据系列是由数据点构成的，每个数据点对应工作表中某个单元格的数据。每个数据系列对应工作表中的一行或一列数据。

（5）坐标轴。坐标轴按照位置可分为纵坐标轴和横坐标轴，显示在左侧的是纵坐标轴，显示在底部的是横坐标轴。

（6）图例。图例是用来表示图表中各数据系列的名称，由图例项和图例项标识组成，默认情况下显示在绘图区的下方。

（7）网格线。网格线是表示坐标轴的刻度线段，方便用户查看数据的具体数值。

5.1.2　图表类型

图表有很多类型，如柱形图、折线图、饼图、条形图、面积图、XY（散点图）、股价图、曲面图、气泡图、雷达图、旭日图等。图表类型的选择对于数据的展现效果非常重要，用户需要了解不同图表类型的特点，正确选择图表类型，以达到直观表达数据内涵的目的。

（1）柱形图。柱形图是常用的图表类型，可以垂直显示各项数据之间的比较，用矩形的高低来表示数据的大小。

（2）折线图。折线图是用线段将各个数据点连接起来组成的图形，用来显示数据的变化趋势。

（3）饼图。饼图的数据源中只能包含一个数值型的数据系列，它将一个圆分成若干个扇形，每个扇形的面积大小表示各项数据值的占比（百分比）。

（4）条形图。条形图可以水平显示各项数据之间的比较，用条形的长短来表示数据的大小。

（5）面积图。面积图主要显示部分与整体的关系，还可以显示幅度随时间的变化趋势。

（6）XY（散点图）。XY（散点图）主要显示若干数据系列中各数值之间的关系，它不仅可以用线段，还可以用一系列的点来描述数据的分布情况。

（7）股价图。股价图是一种专用图形，主要用于显示股票价格的波动和股市行情。

（8）曲面图。曲面图是折线图和面积图的另一种形式，显示两组数据之间的最佳组合。

（9）气泡图。气泡图是一种特殊类型的 XY（散点图），可以用来描述多维数据。排列在工作表列中的数值可以绘制在气泡图中，数值越大，气泡就越大。

（10）雷达图。雷达图显示一个中心向四周辐射出多条数值的坐标轴，适合比较若干数据系列的聚合值。

（11）旭日图。旭日图显示各个部分与整体之间的关系，能包含多个数据系列，由多个同心的圆环来表示。它将一个圆环划分成若干个圆环段，每个圆环段表示一个数据值在相应数据系列中所占的比例。

Excel 2016 中删除了气泡图，增加了树状图、直方图、箱形图、瀑布图、组合图等图表类型。

5.2　创建图表

图表是基于工作表中数据生成的，主要有迷你图、嵌入式图表、独立式图表等。

5.2.1　创建迷你图

迷你图是绘制在单元格中的一种微型图表，可以直观地反映一组数据的变化趋势。迷你图的类型主要有折线图和柱形图。用户可以在一个单元格中创建迷你图，也可以在连续的单元格区域中创建迷你图。

1.　在一个单元格中创建迷你图

① 选中要存放迷你图的单元格。

② 在"插入"选项卡的"迷你图"选项组中，选择所需的迷你图类型。

③ 在打开的"创建迷你图"对话框中，完成数据范围的选定，单击"确定"按钮即可在当前单元格中创建迷你图。例如，在单元格 D6 中创建基于 D2:D5 单元格区域的柱形图，如图 5-2 所示。

2.　在连续的单元格区域中创建迷你图

有时需要同时创建一组迷你图，例如，通过几个学期的成绩趋势线反映学生的学习状态，发现学习成绩一直下降的学生，及时提出预警，具体操作步骤如下。

	A	B	C	D	E	F	G
1	班级	姓名	性别	第1学期	第2学期	第3学期	第4学期
2	财务01	宋洪博	男	90	85	84	83
3	财务01	刘丽	女	76	85	85	92
4	财务01	陈涛	男	85	80	79	89
5	财务01	侯明斌	男	75	78	65	83
6							

图 5-2

视频 5-1　创建迷你图

① 选中要存放迷你图的单元格区域 H2:H5。

② 在"插入"选项卡的"迷你图"选项组中，选择"折线图"。

③ 在打开的"创建迷你图"对话框中，将"数据范围"设为 D2:G5，如图 5-3 所示。

④ 单击"确定"按钮即可在单元格区域 H2:H5 中创建四个迷你图，如图 5-4 所示。

图 5-3

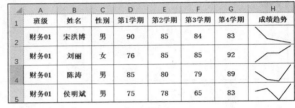

图 5-4

从图 5-4 中的"成绩趋势"迷你图中可以直观地识别出学生"宋洪博"的成绩呈现下降趋势；"刘丽"的成绩呈现持续上升趋势，其他两位学生成绩有上下的波动。

提示　当需要删除迷你图时，可以先选定需要删除的迷你图单元格或单元格区域，在"迷你图工具设计"选项卡的"组合"选项组中，单击"清除"按钮即可。

5.2.2　创建嵌入式图表

嵌入式图表是指图表与原始的数据在同一张工作表中。创建嵌入式图表的具体操作步骤如下。

① 选定数据源区域。创建图表必须首先选定数据源区域，数据源区域可以是连续的，也可以是不连续的。若选定两个不连续的区域，第二个区域和第一个区域要有相同的行数；若选定的区域有文字，则文字应该在区域的最左列或最上行，用来说明图表中数据的含义。

② 在"插入"选项卡的"图表"选项组中，单击图表类型按钮，在出现的列表中选择图表子类型，如图 5-5 所示。

③ 图表以嵌入方式出现在工作表中，如图 5-6 所示。

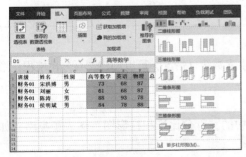

图 5-5

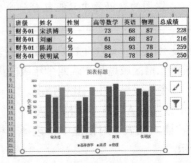

图 5-6

【例 5-1】创建学生各门课程成绩的条形图。

① 选定数据源区域。首先选中 B1:B5 单元格区域，按下【Ctrl】键同时选中 D1:F5 单元格区域。

② 在"插入"选项卡的"图表"选项组中，单击扩展按钮，在打开的"插入图表"对话框中单击"所有图表"选项卡，选择其中的"条形图"下的"簇状条形图"，如图 5-7 所示，单击"确定"按钮完成簇状条形图的创建，效果如图 5-8 所示。

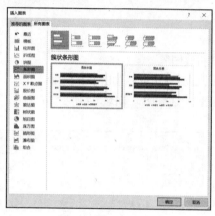

图 5-7

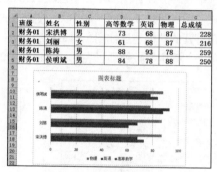

图 5-8

【例 5-2】创建总成绩的饼图。

① 选定数据源区域。首先选中 B1:B5 单元格区域，按下【Ctrl】键同时选中 G1:G5 单元格区域。

② 在"插入"选项卡的"图表"选项组中，单击其中的"饼图"下的"饼图"按钮，创建一个二维饼图，效果如图 5-9 所示。

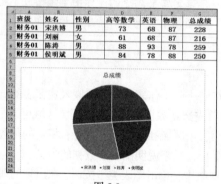

图 5-9

视频 5-2 例 5-2

提示

饼图的数据源中只能包含一个数值系列。

【例 5-3】创建能反映学生性别比例的图表。

A1:C5 单元格区域是某学院四个年级的男生、女生人数统计情况，可以创建"百分比堆积柱形图"来反映四个年级男女生的比例情况。

① 选中数据源 A1:C5 单元格区域。

② 在"插入图表"对话框中，选择"柱形图"中的"百分比堆积柱形图"图表子类型，如图 5-10 所示。

创建图表后的效果如图 5-11 所示，该图中可以直观表现出四个年级男女生比例的不同。

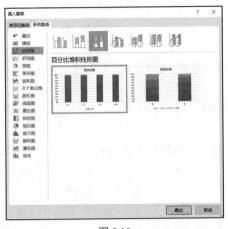

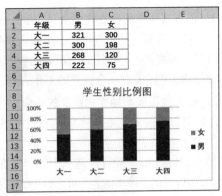

图 5-10 图 5-11

5.3 编辑图表

创建图表后，用户通常需要对图表的类型、数据源进行编辑，也需要对图表进行美化，以达到满意的视觉效果，有助于用户更好地理解图表所传递出的信息。

5.3.1 更改图表的类型

用户可以更改已创建图表的图表类型，实现以不同的展示方式表现数据的目的。

1. 更改迷你图的图表类型

用户可以对已完成的迷你图更换不同的图表类型，具体操作步骤如下。

① 选中迷你图的单元格或单元格区域。

② 在"迷你图工具设计"选项卡的"类型"选项组中，单击所需图表类型按钮。

2. 更改图表的图表类型

用户可以对已完成的图表更换不同的图表类型，具体操作步骤如下。

① 若要更改整个图表类型，可以单击图表区域以显示图表工具相关的选项卡；若要更改单个数据系列的图表类型，可以单击该数据系列。

② 在图表工具"设计"选项卡的"类型"选项组中，单击"更改图表类型"按钮进行更改。例如，图 5-12（a）是将柱形图更改为"条形图"的效果，图 5-12（b）是将"物理"数据系列由柱形图更改为折线图后的组合图表效果。

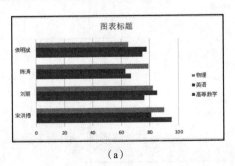

（a）

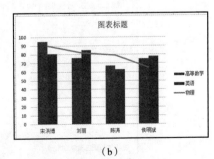

（b）

图 5-12

5.3.2　更改图表的位置

1. 嵌入式图表与独立式图表

图表按照其所在的位置可以分成嵌入式图表和独立式图表，它们的特点如下。

（1）嵌入式图表是指图表与原始的数据在同一张工作表中。

（2）独立式图表在一个独立的工作表中创建，即图表与原始的数据分别在不同的工作表中。

2. 嵌入式图表与独立式图表的转换

用户可以将嵌入式图表改为独立式图表；反之亦然，具体操作步骤如下。

① 选中需要更改位置的图表。

② 在图表工具"设计"选项卡的"位置"选项组中，单击"移动图表"按钮。

③ 在打开的"移动图表"对话框中，如果将嵌入式图表转换为独立式图表，则选中"新工作表"单选按钮，并输入新工作表名；如果将独立式图表转换为嵌入式图表，则选中"对象位于"单选按钮，并选择要嵌入的工作表名，如图 5-13 所示。

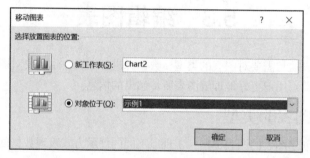

图 5-13

5.3.3　更改图表的数据源

创建图表后，用户可以根据需要重新选择图表的数据源，而不需要删除原来的图表。

1. 交换行列数据

创建图表后，可以实现行数据与列数据的交换，具体操作步骤如下。

① 单击图表区域，显示图表工具相关的选项卡。

② 在"设计"选项卡的"数据"选项组中，单击"切换行/列"按钮，或单击"选择数据"将打开图 5-14 所示的"选择数据源"对话框，单击"切换行/列"按钮。

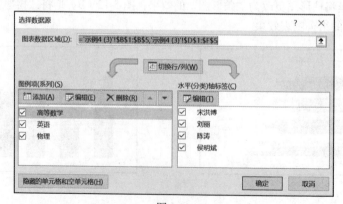

图 5-14

③ 原来图表的垂直列是学科成绩、水平行是姓名，易于每个学生比较自己三门课程的成绩差别，如图 5-15（a）所示；行列数据交换后如图 5-15（b）所示，垂直列是姓名，水平行是学科成绩，易于展示各门课程学生成绩的不同。

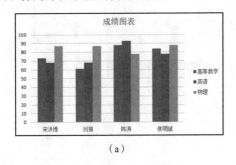

（a）

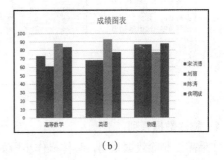

（b）

图 5-15

2. 重新选择数据源

如果需要改变图表的数据区域，则可以对数据源进行重新选择，具体操作步骤如下。

① 单击图表区域，显示图表工具相关的选项卡。

② 在"设计"选项卡的"数据"选项组中，单击"选择数据"按钮，将打开"选择数据源"对话框，如图 5-16 所示。

③ 在"选择数据源"对话框中，单击"图表数据区域"右侧的拾取器按钮，重新选择数据。

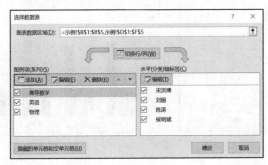

图 5-16

视频 5-3　重新选择
数据源

3. 添加数据系列

如果需要添加数据系列，则具体操作步骤如下。

① 选中图表后，在数据区域将突出显示图表的数据源为单元格区域 B1:B5，D1:F5。

② 在图表工具"设计"选项卡的"数据"选项组中，单击"选择数据"按钮。

③ 在"选择数据源"对话框中，单击"添加"按钮，将打开"编辑数据系列"对话框，"系列名称"是指分类轴标题，例如，添加"总成绩"所在的 G1 单元格；"系列值"是指实际的数据，G2:G5 单元格区域为总成绩数据值，如图 5-17 所示。

图 5-17

添加数据系列的结果如图5-18所示。

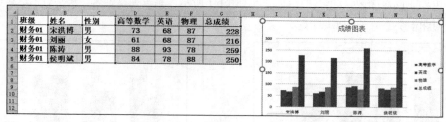

图 5-18

4. 删除数据系列

如果需要删除数据系列，具体操作步骤如下。

① 选中图表后，将显示出图表的数据源。

② 在"设计"选项卡的"数据"选项组中，单击"选择数据"按钮。

③ 在"选择数据源"对话框中，选中要删除的系列，如"英语"，然后单击"删除"按钮，如图5-19所示。

删除数据系列的结果如图5-20所示，柱形图中将不显示"英语"成绩。

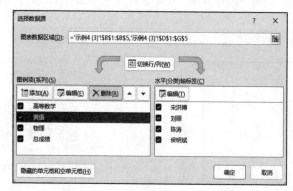

图 5-19

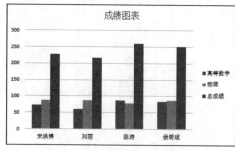

图 5-20

5.4 图表元素的格式和设计

完成图表的创建后，用户需要对图表的标题、图例、数据标签、坐标轴、网格线等细节部分进行详细设置。

5.4.1 图表元素的格式

1. 图表区格式

图表区是指图表的全部背景区域，其格式包括图表区的填充、轮廓、效果、大小等，具体操作步骤如下。

① 选中图表区。

② 在"图表工具"相关的选项卡中，选择相应的操作。或者在图表区单击鼠标右键，在弹出的快捷菜单中选择"设置图表区域格式"选项，右侧将出现"设置图表区格式"窗格，如图5-21所示。

③ 在"设置图表区格式"窗格中有"填充与线条" 🖌 、"效果" 🔾 、"大小与属性" 📊 三个图形按钮，可以完成对图表区的设置。

2. 绘图区格式

绘图区是由坐标轴围成的区域，其格式包括边框的样式、填充、效果、大小等，具体操作步骤如下。

① 选中绘图区。

② 在"图表工具"相关的选项卡中，选择相应的操作。或者在绘图区单击鼠标右键，在弹出的快捷菜单中选择"设置绘图区格式"选项，右侧将出现"设置绘图区格式"窗格，如图 5-22 所示。

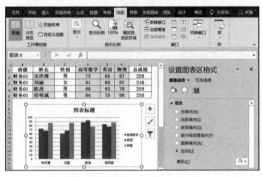

图 5-21　　　　　　　　　　　　　　　　图 5-22

③ 在"设置绘图区格式"窗格中有"填充与线条"和"效果"两个图形按钮，可以完成对绘图区的设置。

例如，图 5-22 所示的图表区的填充颜色是深色；绘图区的填充颜色是浅色。

3. 图表标题格式

图表标题主要用于说明图表的主要内容，提高图表的易读性。设置图表标题格式的具体步骤如下。

① 选中图表标题，输入标题的文字内容。

② 在"图表工具"相关的选项卡中，选择相应的操作。或者在图表标题上单击鼠标右键，在弹出的快捷菜单中选择"设置图表标题格式"选项，右侧将出现"设置图表标题格式"窗格，如图 5-23 所示。

③ 在"设置图表标题格式"窗格中有"填充与线条""效果""大小与属性"三个图形按钮，可以完成对图表标题的设置。

图表标题设置好后的效果如图 5-23 所示。

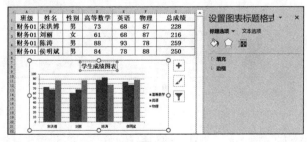

图 5-23

4. 网格线格式

图表中的网格线分为主要网格线和次要网格线。坐标轴主要刻度线对应的是主要网格线，坐标轴次要刻度线对应的是次要网格线。用户可以采用与设置其他图表对象类似的方法设置网格线。主要网格线格式设置后的效果如图 5-24 所示。

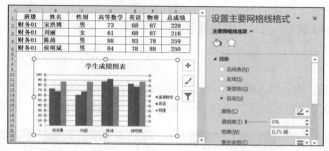

图 5-24

5. 图例格式

图例是用不同颜色来表示图中对应的系列名称，添加图例的操作步骤如下。

① 单击图表区域，显示图表工具相关的选项卡。

② 在"设计"选项卡的"图表布局"选项组中，单击"添加图表元素"按钮，然后在下拉列表中选择"图例"的位置；或者在图例上单击鼠标右键，在弹出的快捷菜单中选择"设置图例格式"选项，右侧将出现"设置图例格式"窗格。

例如，图 5-25 是"靠右"位置图例的效果；图 5-26 是"靠上"位置图例的效果。

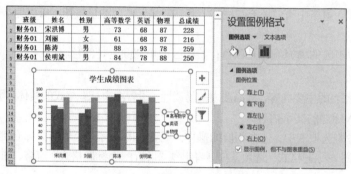

图 5-25

视频 5-4　添加图例

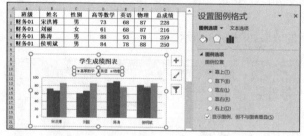

图 5-26

6. 坐标轴格式

图表通常有两个坐标轴，即水平（类别）轴和垂直（值）轴。设置坐标轴格式的具体操作步骤如下。

① 选中水平轴或垂直轴，显示"图表工具"相关的选项卡。

② 在"图表工具"相关的选项卡中，选择相应的操作。或者在坐标轴上单击鼠标右键，在弹出

的快捷菜单中选择"设置坐标轴格式"选项，右侧将出现"设置坐标轴格式"窗格，如图 5-27 所示。

③ 在"设置坐标轴格式"窗格中有"填充与线条""效果""大小与属性""坐标轴选项"四个图形按钮，其中的"坐标轴选项"是重要的设置选项。

将坐标的单位由原来的"10.0"改为"20.0"后的效果，如图 5-27 所示。

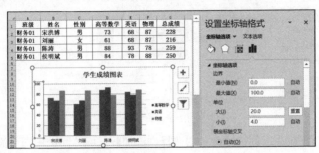

图 5-27

7. 坐标轴标题

用户可以在"添加图表元素"下拉列表中为坐标轴设置标题，具体操作步骤如下。

① 选中图表区域，显示"图表工具"相关的选项卡。

② 在"设计"选项卡的"图表布局"选项组中，单击"添加图表元素"按钮，在打开的下拉菜单中选择"坐标轴标题"选项。

③ 在级联菜单中根据需要分别设置主要横坐标轴标题和主要纵坐标轴标题，如图 5-28 所示。

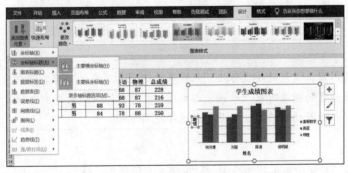

图 5-28

8. 数据标签

用户可以在图表中看到数据的大小，但并不知道数据的准确值。如果需要显示数据的精确值，则需添加数据标签。默认情况下，数据标签会链接到单元格数据，当这些单元格数据变化时，图表中的数据标签值会自动更新。设置数据标签的具体操作步骤如下。

① 选中图表区域，显示"图表工具"相关的选项卡。

② 在"设计"选项卡的"图表布局"选项组中，单击"添加图表元素"按钮，在打开的下拉菜单中选择"数据标签"选项。

③ 在级联菜单中根据需要选择数据标签的位置，选择"居中"位置，如图 5-29 所示。

如果只对一个数据系列或单个数据点设置数据标签，则具体操作步骤如下。

① 在图表中，可进行如下操作。

- 若为一个数据系列的所有数据点添加数据标签，则单击该数据系列。
- 若为一个数据系列的单个数据点添加数据标签，则先单击该数据系列后，再单击该数据点。

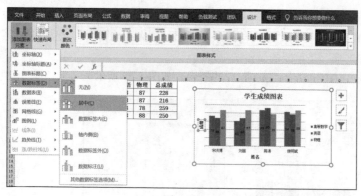

图 5-29

② 单击鼠标右键，在弹出的快捷菜单中选择"添加数据标签"选项即可添加数据标签。

③ 选中该数据标签，在"设置数据标签格式"窗格中设置标签的显示位置、值等。

设置单个数据系列的数据标签后的效果如图 5-30 所示。

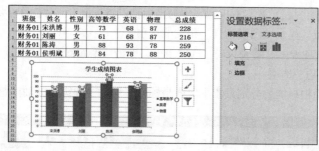

图 5-30

　完成图表格式化的快捷方法是双击选中的图表对象，即可打开相应的格式设置窗格；或者在要设置的图表对象上单击鼠标右键，在弹出的快捷菜单中选择设置格式选项。图表对象不同，打开的窗格和快捷菜单的选项也将不同。

9. 数据表

图表中还可以同时显示相关的数据表的数据值，具体操作步骤如下。

① 选中图表区域，显示"图表工具"相关的选项卡。

② 在"设计"选项卡的"图表布局"选项组中，单击"添加图表元素"按钮，在打开的下拉菜单中选择"数据表"选项。

③ 在级联菜单中设置显示方式，这里设置的上方是直方图，下方是对应的数据表，如图 5-31 所示。

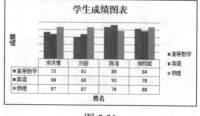

图 5-31

5.4.2　图表设计

用户可以通过图表设计完成图表的快速布局、图表样式选择等美化图表的操作。

1. 快速布局

用户可以用图表格式设置完成图表对象的布局，系统也内置了若干个预设的布局模板，方便用户快速完成布局，具体操作步骤如下。

① 选中图表区域，显示"图表工具"相关的选项卡。

② 在"设计"选项卡的"图表布局"选项组中，单击"快速布局"按钮，在打开的下拉菜单中

用户可以选择需要的布局。例如，图 5-32 所示是选择了"布局 4"的效果，图例在下方并显示出数据标签。

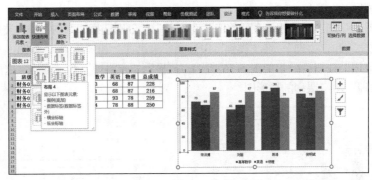

图 5-32

2．图表样式

图表样式是内置的样式集合，用户可以通过选择需要的样式来完成图表的快速设置。具体操作步骤如下。

① 选中图表区域，显示"图表工具"相关的选项卡。

② 在"设计"选项卡的"图表样式"选项组中，单击选定的样式即可。例如，图 5-33 所示为选择了"样式 3"的效果。

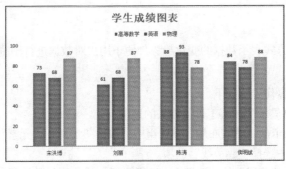

图 5-33

5.4.3　图表筛选器

当选中图表区时，右侧将出现图 5-34 所示的三个图标，图标 ⊞ 用来设置图表元素、图标 ⊿ 可以提供图表样式（颜色）选择，图标 ▼ 可完成图表筛选器功能。前两个图标的功能与前面讲述的设置类似，这里不再赘述。

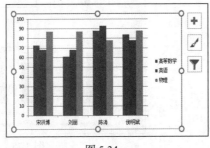

图 5-34

视频 5-6　图表筛选器

图表筛选器用于在图表中选择希望显示的数据值，该方法不改变数据源，仅屏蔽暂时不需要显示的数据，具体操作步骤如下。

① 选中图表区。

② 单击"图表筛选器"按钮，在"数值"选项卡中，分别选择"系列"和"类别"。在"系列"中选择"高等数学"和"物理"，在"类别"中选择"宋洪博"和"陈涛"，如图 5-35 所示。

③ 单击"应用"按钮后效果如图 5-36 所示，只显示"宋洪博"和"陈涛"这两位学生的"高等数学"和"物理"两门课程的柱形图。

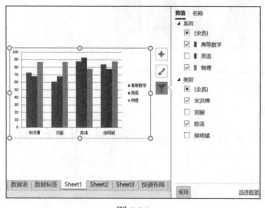

图 5-35

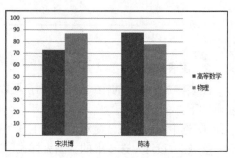

图 5-36

5.4.4 趋势线

趋势线是以图形的方式表示数据的变化趋势，便于用户对数据进行预测分析。

1. 添加趋势线

添加趋势线的具体操作步骤如下。

① 选中图表区域，显示"图表工具"相关的选项卡。

② 在"设计"选项卡的"图表布局"选项组中，单击"添加图表元素"按钮，在打开的下拉菜单中选择"趋势线"选项。

视频 5-7 添加趋势线

③ 在打开的"添加趋势线"的对话框中，选择要添加趋势线的数据系列完成添加，如图 5-37 所示。

添加趋势线后的效果如图 5-38 所示。该图线性表示了"宋洪博"的几个学期的成绩，通过趋势线可以预测出该学生后续的成绩可能会呈现出下降的趋势。

图 5-37

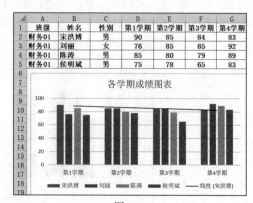

图 5-38

2. 设置趋势线的格式

完成趋势线的添加后，为了醒目地显示趋势线，可以为其设置显示格式，具体操作步骤如下。

① 选中趋势线，显示"图表工具"相关的选项卡。

② 在"格式"选项卡的"形状样式"选项组中进行样式、颜色、粗细、箭头等设置。例如，在图 5-39 中设置了黑色的箭头线格式的趋势线。

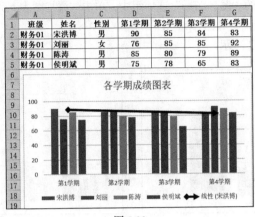

图 5-39

5.5　应用实例——学生成绩的图表显示

在学生成绩工作表中，各门课程的成绩数据能够准确反映学生的学习情况。但是如果需要比较学生的成绩，那么图表是展现数据的直观、有效的手段。

1. 创建学生成绩图表

创建学生成绩的柱形图表来对比成绩情况。

① 选定数据源区域。首先选中 B1:B5 单元格区域，按下【Ctrl】键同时选中 D1:G5 单元格区域，如图 5-40（a）所示。

② 在"插入"选项卡的"图表"选项组中，单击扩展按钮，在打开的"插入图表"对话框中单击"所有图表"选项卡，选择其中的"柱形图"，完成的学生成绩柱形图效果如图 5-40（b）所示。

班级	姓名	性别	高等数学	英语	物理	总成绩
财务01	宋洪博	男	73	68	87	228
财务01	刘丽	女	61	68	87	216
财务01	陈涛	男	88	93	78	259
财务01	侯明斌	男	84	78	88	250

（a）

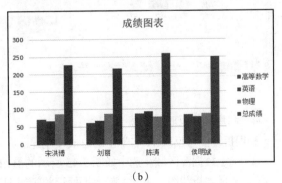

（b）

图 5-40

③ 为了便于直观地比较学生的每科成绩差异，可以在图表工具"设计"选项卡的"数据"选项

组中，单击"切换行/列"按钮将同一学科成绩集中显示在一起，效果如图 5-41 所示。

2. 图表的美化

为已创建的学生成绩柱形图设置网格线、设置图例在右侧、坐标轴的刻度间隔为 50、显示数据标签。

① 选中图表，显示"图表工具"相关的选项卡。

② 在"设计"选项卡的"图表布局"选项组中，单击"添加图表元素"按钮，在下拉菜单中分别设置网格线、图例、坐标轴、数据标签等。

完成后的效果如图 5-42 所示。

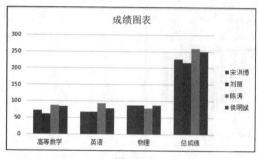

图 5-41

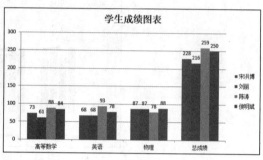

图 5-42

3. 图表筛选器的应用

利用图表筛选器显示出"高等数学"和"总成绩"两列数据。

① 选中图表，显示"图表工具"相关的选项卡。

② 单击在图表右侧的"图表筛选器"按钮，在"数值"选项卡中的"类别"中选择"高等数学"和"总成绩"后单击"应用"按钮，如图 5-43 所示。筛选后的效果如图 5-44 所示。

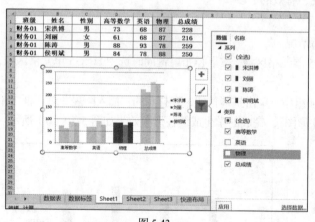

图 5-43

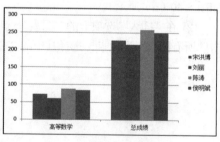

图 5-44

4. 利用图表反映总成绩

利用折线图可反映 11 名学生的总成绩差异。

① 选定数据源区域。选中如图 5-45 所示的 B1:B12 和 F1:F12 单元格区域。

② 选择"折线图"中的"带数据标记的折线图"图表子类型。

③ 设置图表标题和数据标签。

完成后的效果如图 5-46 所示。

	A	B	C	D	E	F
1	班级	姓名	高等数学	英语	物理	总成绩
2	财务01	宋洪博	73	68	87	228
3	财务01	刘丽	61	68	87	216
4	财务01	陈涛	88	93	78	259
5	财务01	侯明斌	84	78	88	250
6	财务01	李淑子	98	92	91	281
7	财务01	李媛媛	96	87	78	261
8	财务02	冯天民	70	77	89	236
9	财务02	李小明	57	70	71	198
10	财务02	张喆	71	71	67	209
11	财务02	胡涛	97	70	67	234
12	财务02	徐春雨	85	49	86	220

图 5-45

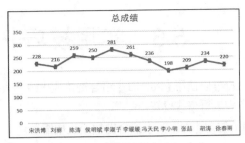

图 5-46

5. 利用图表反映班级性别比例

利用百分比堆积柱形图可反映 7 个班级的男女生比例情况。

① 选定数据源区域。选中如图 5-47 所示 B1:D8 单元格区域。

② 选择"柱形图"中的"百分比堆积柱形图"图表子类型。

③ 设置图表标题和数据标签。

完成后的效果如图 5-48 所示。

	A	B	C	D
1	学院	班级	男	女
2	计算机学院	计算01	5	4
3	计算机学院	计算02	9	2
4	经济与管理学院	财务01	8	6
5	经济与管理学院	财务02	6	5
6	经济与管理学院	财务03	8	2
7	数理学院	物理01	6	1
8	数理学院	物理02	3	5

图 5-47

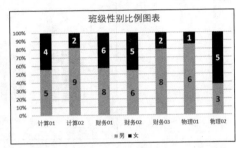

图 5-48

6. 利用图表反映成绩分布情况

利用 XY（散点）图可以反映学生的"计算机成绩"分布情况。

① 选定数据源区域。选中 C1:C71 单元格区域的 70 名学生的计算机成绩。

② 选择"XY（散点）图"的类型。

③ 设置坐标轴格式，因为成绩在 50～100 分，所以设置"边界"的"最小值"为 50.0、"最大值"为 100.0、坐标的间距为 10.0，如图 5-49 所示。

完成后的效果如图 5-50 所示，该 XY（散点图）清晰地反映了学生的"计算机成绩"主要集中在 70～85 分之间。

图 5-49

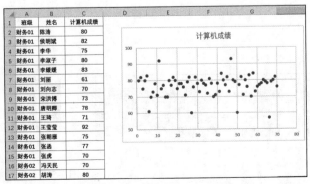

图 5-50

5.6 实用技巧——快速生成图表

用户可以使用【Alt+F1】组合键快速生成图表，或者按下【F11】键生成图表。然后再对已经生成的图表进行格式设置。

1. 使用【Alt+F1】组合键快速生成图表

① 选定数据源区域。首先选中 B1:B5 单元格区域，按下【Ctrl】键同时选中 D1:F5 单元格区域。

② 按下【Alt+F1】组合键，自动生成了柱形图。

完成后的效果如图 5-51 所示。

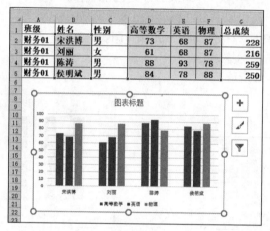

图 5-51

2. 按下【F11】键快速生成图表

① 选定数据源区域。首先选中 B1:B5 单元格区域，按下【Ctrl】键同时选中 D1:G5 单元格区域，如图 5-52（a）所示。

② 按下【F11】键后，自动新建了一个名为"Chart1"的独立式图表工作表，在其中快速生成了柱形图，如图 5-52（b）所示。

（a）

（b）

图 5-52

课堂实验

一、实验目的

（1）掌握创建图表的方法。

（2）掌握图表格式化的方法。

二、实验内容

（1）打开实验素材中的文件"实验 5.xlsx"，在 Sheet1 工作表中，按下列要求完成操作。

① 在单元格区域 F2:F5 插入迷你折线图。

② 设置折线的颜色为"黑色"，粗细为"1.5 磅"；显示出"高点"和"低点"。

样例：

	A	B	C	D	E	F
1	销售员	第1季度客户满意度	第2季度客户满意度	第3季度客户满意度	第4季度客户满意度	满意度趋势图
2	宋晓松	4.2	4.6	3.9	4.3	
3	刘丽	4.6	4.5	4.8	4.6	
4	陈涛	3.8	4	3.9	4.3	
5	李明明	4.4	4.6	4.7	4.3	

（2）打开实验素材中的文件"实验 5.xlsx"，在 Sheet2 工作表中，按下列要求完成操作。

① 选中"图书名称""入库数量""出库数量"和"现库存数量"四列数据创建一个簇状柱形图。图表标题为"鼎盛轩书店库存"；图例位于右侧；数据标签居中显示。

样例：

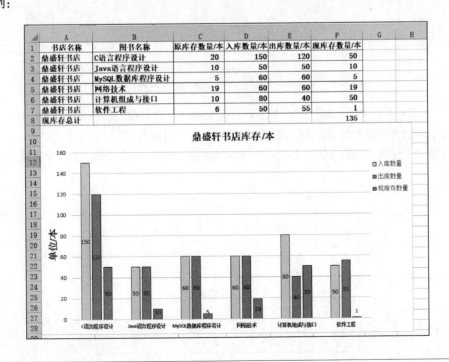

② 选中"图书名称"和"现库存数量"两列数据创建一个饼图，数据标签用百分比的格式，并且独立存放在一个工作表中。

样例：

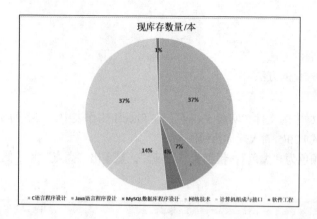

（3）打开实验素材中的文件"实验 5.xlsx"，在 Sheet3 工作表中，按下列要求完成操作。

① 选中"图书名称"和"销售额"两列数据创建一个带数据标记的折线图。

② 设置"垂直线"和"数据引导线"；在"设置坐标轴格式"的"坐标轴选项"中将"边界"的"最小值"设置为 1000.0。

样例：

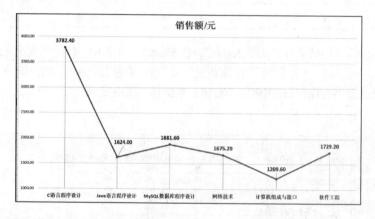

（4）打开实验素材中的文件"实验 5.xlsx"，在 Sheet4 工作表中，按下列要求完成操作。

① 选中"图书名称"和"定价"两列数据创建一个 XY(散点)图。

② 设置"主要纵坐标轴标题"为"元"；将纵坐标的"边界"的"最小值"设置为 10.0。

样例：

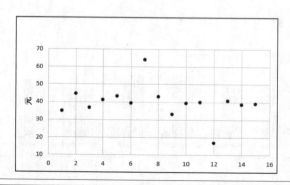

习 题

一、单项选择题

1. 在 Excel 中建立图表时，通常_____。
   - A. 建完图表后，再输入数据
   - B. 先输入数据，再建立图表
   - C. 在输入数据的同时，建立图表
   - D. 首先建立一个图表标签

2. Excel 中的图表形式有_____。
   - A. 迷你图、嵌入式和独立式的图表
   - B. 级联式的图表
   - C. 插入式和级联式的图表
   - D. 数据源图表

3. 在 Excel 中，有关图表的操作，下面表述正确的是_____。
   - A. 创建的图表只能放在含有数据的工作表之中
   - B. 图表建立之后，不能改变其类型，如柱形图不能改为条形图
   - C. 数据修改后，相应的图表中的数据也随之变化
   - D. 不允许在已建好的图表中添加数据，若要添加只能重新建立图表

4. 删除工作表中与图表链接的数据时，图表将_____。
   - A. 被删除
   - B. 必须用编辑器删除图表中相应的数据点
   - C. 不会发生变化
   - D. 自动删除相应的数据点

5. 不属于 Excel 图表类型的是_____。
   - A. 网格图
   - B. 饼图
   - C. 折线图
   - D. 条形图

二、判断题

1. 工作表可以用图表形式表现出来，但它的图表类型是不能改变的。 （ ）
2. 当前工作表中指定的区域的数值发生变化时，对应生成的独立式图表不变。 （ ）
3. 柱形图是用矩形的高低来表示数值的大小。 （ ）
4. 饼图的数据源中只能包含一个数值数据系列。 （ ）
5. 图表中可以改变纵坐标轴刻度单位的大小。 （ ）

三、简答题

1. 如果对社会生活中的热点事件设计了几个态度（例如，支持、反对、不关心）的投票，其结果可以采用哪些类型的图表反映？对比不同图表的特点。

2. 简述趋势线在图表中的作用。

第6章 数据管理

Excel 除了可以完成各种复杂的数据计算，还可以实现数据库软件所具备的一些基本数据管理功能。本章主要介绍了对数据的正确性验证、排序、筛选以及分类汇总等数据管理功能。

【学习目标】
- 掌握各种类型数据验证的设置方法。
- 掌握数据排序的规则和方法。
- 掌握数据筛选的方法。
- 掌握分类汇总的方法。

6.1 数据验证

Excel 支持对单元格进行数据验证，以限定单元格中输入数据的类型和范围，并且能够在数据录入操作过程中及时地给出提示信息。数据验证的最常见用法之一是创建下拉列表，用户可以在下拉列表中直接选择数据，无需手工输入，不仅保证了输入数据的正确性，还提高了输入效率。

6.1.1 数据验证设置

数据验证设置主要包括三部分内容。

1. 验证条件设置

验证条件设置用于设定单元格内容的数据类型和范围。Excel 支持的数据类型有：任何值、整数、小数、序列、日期、时间、文本长度和自定义，如图 6-1 所示。范围条件需要根据用户所选择的数据类型进行相应的设置。范围条件可以是介于、未介于、等于、不等于、大于、小于、大于或等于、小于或等于，如图 6-2 所示。

图 6-1

图 6-2

2. 输入信息设置

输入信息设置是针对用户数据录入过程中的信息提示。当用户向单元格输入数据时，系统会自动显示输入信息设置所指定的提示信息。

3. 出错警告设置

出错警告设置主要用于当用户录入错误数据时，系统按照出错警告的设置内容向用户显示提示信息。

【例 6-1】对工作表中的"成绩"所在列设置数据验证，限定只能输入范围在 0～100 之间的整数；在数据录入过程中，系统提示标题为"成绩录入"、内容为"有效范围：0～100"的输入信息；若用户发生录入错误，系统即刻弹出标题为"成绩录入错误"、内容为"成绩范围：0～100"的出错警告信息。

视频 6-1　例 6-1

① 在"成绩"列中选定需要设置数据验证的单元格或单元格区域。

② 在"数据"选项卡的"数据工具"选项组中，单击"数据验证"按钮，选择"数据验证"选项，打开"数据验证"对话框。

③ 在"数据验证"对话框的"设置"选项卡中，通过"允许"下拉框指定数据类型为"整数"；通过"数据"下拉框指定需要满足的数据范围条件是介于最小值 0 和最大值 100 之间，如图 6-3 所示。

④ 在"输入信息"选项卡中，勾选"选定单元格时显示输入信息"复选框，然后指定"标题"的内容为"成绩录入"，"输入信息"的内容为"有效范围：0～100"，如图 6-4 所示。

图 6-3

图 6-4

⑤ 在"出错警告"选项卡中，勾选"输入无效数据时显示出错警告"复选框，指定"标题"的内容为"成绩录入错误"，"错误信息"的内容为"成绩范围：0～100"，如图 6-5 所示。

⑥ 单击"确定"按钮，完成设置。此时，当用户在已设置了数据验证的单元格中输入信息时，系统会给出图 6-6 所示的提示信息。

图 6-5

图 6-6

如果用户输入了无效数据，当离开该单元格时系统会弹出图 6-7 所示的出错警告信息。如果在设置了验证条件后，未设置出错警告信息，则系统会默认显示图 6-8 所示的提示信息："此值与此单元格定义的数据验证限制不匹配"。

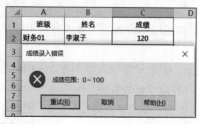

图 6-7

图 6-8

6.1.2 限制数据录入的下拉列表设置

Excel 的数据验证功能可以为用户提供一种录入限制数据内容的下拉列表选择录入方法。例如，用户需要在数据表中录入"性别"和"学院"两项内容。对于"性别"录入，内容只有"男"和"女"两个选择；对于"学院"录入，需要根据不同学校的具体情况进行设置，录入内容会有所变化。针对这种情况，用户可以通过设置下拉列表，实现单元格内容的选择录入，以保证录入内容的正确性。

1. 固定内容的下拉列表

由于"性别"只有"男"和"女"两个固定选项，采用固定内容的下拉列表实现。创建"性别"列的下拉列表，具体操作步骤如下。

① 在性别列中选定需要使用下拉列表的单元格或单元格区域。

② 在"数据"选项卡的"数据工具"选项组中，单击"数据验证"按钮，选择"数据验证"选项，打开"数据验证"对话框。

③ 在"设置"选项卡中，将"允许"下拉框中的数据类型指定为"序列"；在"来源"文本框中直接输入列表内容"男,女"（注意，其中的逗号必须是英文符号），而且必须勾选"提供下拉箭头"复选框，如图 6-9 所示。

④ 单击"确定"按钮，完成"性别"列的下拉列表设置，数据录入效果如图 6-10 所示。

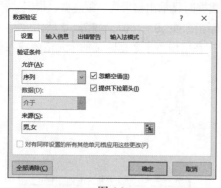

图 6-9

图 6-10

2. 可变内容的下拉列表

对于数据表中学院信息的录入，不同学校的录入内容根据具体情况会有所变化，这时可以采用可变内容的下拉列表实现，在进行数据验证设置之前，首先要建立下拉列表中的列表数据。创建"学院"下拉列表，具体操作步骤如下。

① 在工作表中任意选择一列来建立下拉列表数据，这里选择了 F1:F3 单元格区域。

② 在"学院"列中选定需要使用下拉列表的单元格或单元格区域。

③ 在"数据"选项卡的"数据工具"选项组中，单击"数据验证"按钮，选择"数据验证"选项，打开"数据验证"对话框。

④ 在"设置"选项卡中，将"允许"下拉框中的数据类型指定为"序列"；在"来源"文本框中，通过右侧的拾取器选择$F$1:$F$3 区域，注意必须勾选"提供下拉箭头"复选框，如图 6-11 所示。

⑤ 单击"确定"按钮，完成"学院"列的下拉列表设置，数据录入效果如图 6-12 所示。

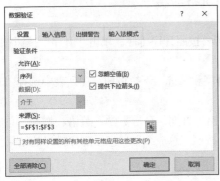

图 6-11

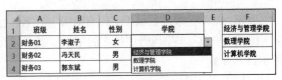

图 6-12

6.2　数据排序

工作表数据通常包含标题和数据两个部分。数据的每一行对应一条记录，每一列对应一个字段。数据排序就是按照用户指定的某一列（单个字段）或多列（多个字段）中的数据值，将所有记录进行升序或降序的重新排列。数据排序要求每列中的数据类型相同，而且不允许有空行或空列，也不能有合并的单元格。

在后面的章节中，统一将工作表中的"列"描述为"字段"，"行"描述为"记录"。

6.2.1　排序规则

在 Excel 中，用户不仅可以按单元格中的数据（可以是文本型、数值型或日期时间型）进行排序，还可以按照自定义序列、单元格颜色、字体颜色或图标等进行排序。排序规则如下。

① 数值按照值的大小排序，升序按从小到大排序，降序按从大到小排序。

② 英文按照字母顺序排序，升序按 A～Z 排序，降序按 Z～A 排序，而且大写字母<小写字母。

③ 汉字可以按照拼音字母的顺序排序，升序按 A～Z 排序，降序按 Z～A 排序；或者按照笔画的顺序排序。

④ 文本中的数字<英文字母<汉字。

⑤ 日期和时间按日期、时间的先后顺序排序，升序按从前到后的顺序排序，降序按从后向前的顺序排序。

⑥ 自定义序列在定义时所指定的顺序是从小到大。

⑦ 必须设置了单元格颜色或字体颜色后，才能按颜色进行排序。同样，只有使用条件格式创建了图标集，才能按图标进行排序。

6.2.2 单字段排序

单字段排序能够实现将工作表中的所有数据按照表中的某一字段中的数据升序（从小到大）或降序（从大到小）进行组织的需求。

若要按照单个字段进行排序，具体操作步骤如下。

① 选中要排序的字段，或者选中该字段的任意一个单元格。

② 通过执行下列操作之一来完成排序。

• 在"数据"选项卡的"排序和筛选"选项组中，若要按照升序排序，单击"升序"按钮；若要按照降序排序，单击"降序"按钮。

• 在"开始"选项卡的"编辑"选项组中，单击"排序和筛选"下拉按钮，在列表中选择"升序"或"降序"。

例如，对学生成绩数据（字段有班级、姓名、性别、出生日期、高等数学、英语、物理、总成绩）按照"班级"单字段升序排序的结果如图 6-13 所示；按照"总成绩"单字段降序排序的结果如图 6-14 所示。

班级	姓名	性别	出生日期	高等数学	英语	物理	总成绩
财务01	宋洪博	男	1997/4/5	73	68	87	228
财务01	刘丽	女	1997/10/18	61	68	87	216
财务01	陈涛	男	1997/12/3	88	93	78	259
财务01	侯明斌	男	1999/1/1	84	78	88	250
财务01	李淑子	女	1999/3/2	98	92	91	281
财务01	李媛媛	女	1999/5/31	96	87	78	261
财务02	冯天民	男	1997/8/28	70	77	89	236
财务02	李小明	女	1998/1/17	57	70	71	198
财务02	张喆	男	1998/2/8	71	71	67	209
财务02	胡涛	男	1998/3/25	97	70	67	234
财务02	徐春雨	女	1998/4/3	85	49	86	220
财务03	王毅刚	男	1997/4/6	96	82	86	264
财务03	郭东斌	男	1997/6/12	60	77	71	208
财务03	张荣伟	男	1998/1/18	57	98	89	244
财务03	马垚	男	1998/5/4	78	97	77	252

图 6-13

班级	姓名	性别	出生日期	高等数学	英语	物理	总成绩
财务01	李淑子	女	1999/3/2	98	92	91	281
财务03	王毅刚	男	1997/4/6	96	82	86	264
财务01	李媛媛	女	1999/5/31	96	87	78	261
财务01	陈涛	男	1997/12/3	88	93	78	259
财务01	马垚	男	1998/5/4	78	97	77	252
财务01	侯明斌	男	1999/1/1	84	78	88	250
财务03	张荣伟	男	1998/1/18	57	98	89	244
财务02	冯天民	男	1997/8/28	70	77	89	236
财务02	胡涛	男	1998/3/25	97	70	67	234
财务01	宋洪博	男	1997/4/5	73	68	87	228
财务02	徐春雨	女	1998/4/3	85	49	86	220
财务01	刘丽	女	1997/10/18	61	68	87	216
财务02	张喆	男	1998/2/8	71	71	67	209
财务03	郭东斌	男	1997/6/12	60	77	71	208
财务02	李小明	女	1998/1/17	57	70	71	198

图 6-14

6.2.3 多字段排序

如果仅根据单个字段进行排序，则可能会遇到在这一字段中存在大量重复数据的情况，这时就需要使数据在具有相同值的记录中按另一个或多个其他字段的内容进行组织，这就是多字段排序。具体操作步骤如下。

① 选择要排序的整个数据区域，或者选择数据区域中的任意一个单元格。

② 在"数据"选项卡"排序和筛选"选项组中，单击"排序"按钮，打开"排序"对话框。按顺序指定"主要关键字""次要关键字"后，单击"确定"按钮完成排序。

【例 6-2】对学生成绩数据（字段有班级、姓名、性别、出生日期、高等数学、英语、物理、总成绩）按照"班级"升序、"总成绩"降序进行排序。

① 在工作表中选择数据区域中的任意一个单元格。

视频 6-2 例 6-2

② 在"数据"选项卡"排序和筛选"选项组中，单击"排序"按钮，打开"排序"对话框。指定"班级"作为"主要关键字"，"次序"为"升序"。默认情况下汉字是按照拼音字母的顺序排序，如果需要按照笔画的顺序排序，单击"选项"按钮进行设置即可，如图 6-15 所示。

③ 单击"添加条件"按钮添加一个"次要关键字"，指定"次要关键字"为"总成绩"，"次序"为"降序"，如图 6-16 所示。如果还有其他排序字段，则重复"添加条件"即可。

图 6-15

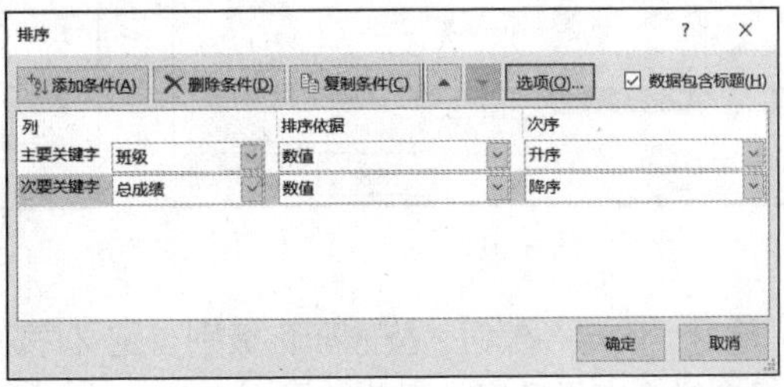

图 6-16

④ 单击"确定"按钮完成排序。排序前的数据如图 6-17 所示，排序后的结果如图 6-18 所示，首先按照"班级"排序，然后在同一班级内按照"总成绩"降序排序。

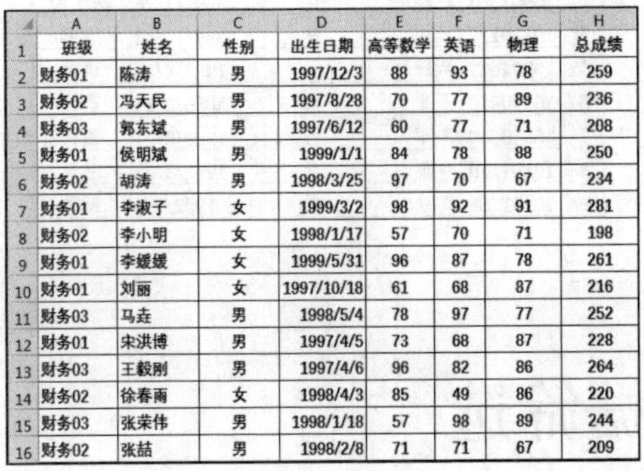

图 6-17

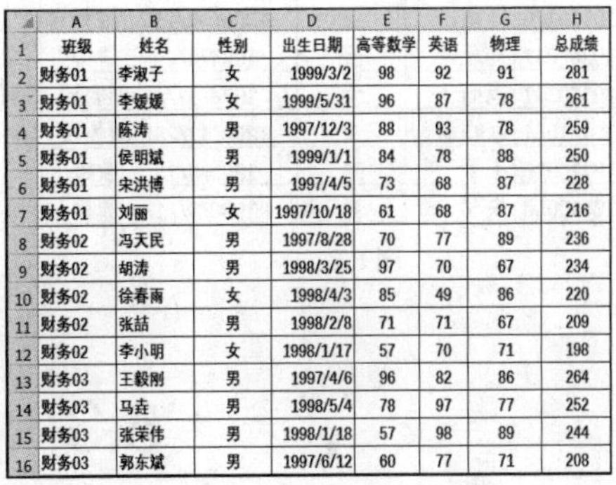

图 6-18

6.2.4　自定义序列排序

在实际应用中，除了按系统默认的排序规则对数据排序，还存在许多其他的排序需求。例如，一个学校的教师档案数据（字段有教师编号、姓名、性别、出生日期、职称），按职称级别（助教、讲师、副教授、教授）排序就是一个典型的应用需求。"职称"字段在 Excel 排序中默认是按拼音字母顺序或笔画顺序进行排序，而实际上我们需要按照职称级别的高低进行排序。针对这种情况，Excel 提供了按自定义序列排序的功能，使用户能够根据实际问题给这些文本集合专门指定一个排序关系。

例如，将教师档案数据按照职称级别排序。其具体操作步骤如下。

① 在工作表中选择数据区域中的任意一个单元格。

② 在"数据"选项卡"排序和筛选"选项组中，单击"排序"按钮，打开"排序"对话框，指定"职称"为主要关键字，次序为"自定义序列"，在弹出的"自定义序列"对话框中，按"助教、讲师、副教授，教授"的顺序输入序列的内容，然后单击"添加"按钮，将其添加到自定义序列中，如图 6-19 所示。

③ 单击"确定"按钮关闭"自定义序列"对话框，最终的"排序"对话框如图 6-20 所示。

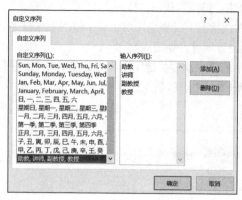

图 6-19

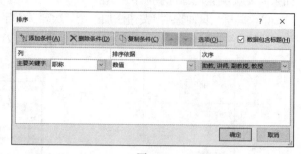

图 6-20

④ 单击"确定"按钮,按照职称级别自定义序列排序的结果如图 6-21 所示。图 6-22 所示为按照职称级别拼音字母升序排序的结果。

	A	B	C	D	E
1	教师编号	姓名	性别	出生日期	职称
2	10101110	李斯	女	1995/3/21	助教
3	10101250	吴军	男	1992/7/4	助教
4	10110120	马丽	女	1980/10/11	讲师
5	10302011	周萍萍	女	1984/4/25	讲师
6	10100391	杨丽	女	1974/11/8	副教授
7	10401561	赵晓丽	女	1969/11/28	副教授
8	10110910	王平	男	1965/3/15	教授
9	10510050	朱军	男	1960/9/21	教授

图 6-21

	A	B	C	D	E
1	教师编号	姓名	性别	出生日期	职称
2	10100391	杨丽	女	1974/11/8	副教授
3	10401561	赵晓丽	女	1969/11/28	副教授
4	10110120	马丽	女	1980/10/11	讲师
5	10302011	周萍萍	女	1984/4/25	讲师
6	10110910	王平	男	1965/3/15	教授
7	10510050	朱军	男	1960/9/21	教授
8	10101110	李斯	女	1995/3/21	助教
9	10101250	吴军	男	1992/7/4	助教

图 6-22

6.3 数据筛选

数据筛选就是在数据表中仅仅显示满足筛选条件的数据记录,把不满足筛选条件的数据记录暂时隐藏起来,便于用户从众多的数据中检索出有用的数据信息。常用的筛选方式有两种:自动筛选和高级筛选。自动筛选支持用户按照某一个字段的内容筛选显示数据;而高级筛选可以通过用户指定复杂的筛选条件得到更精简的筛选结果。

6.3.1 自动筛选

自动筛选一般用于简单的条件筛选,可以满足绝大部分的筛选需求。

1. 创建自动筛选

创建自动筛选的步骤如下。

① 选择数据区域中的任意一个单元格。

② 在"数据"选项卡的"排序和筛选"选项组中,单击"筛选"按钮;或者在"开始"选项卡的"编辑"选项组中,单击"排序和筛选"按钮,选择"筛选"选项,切换到自动筛选状态。

③ 此时工作表第一行中的每个字段旁都会出现三角下拉箭头按钮,通过单击相应字段的三角下拉箭头按钮,完成筛选条件的设置即可。

视频 6-3 例 6-3

【**例** 6-3】利用自动筛选功能，在学生成绩数据（字段有班级、姓名、性别、出生日期、高等数学、英语、物理、总成绩）中筛选出"财务 01"班"高等数学"成绩高于平均值的学生。

① 切换到自动筛选状态后，单击"班级"字段的三角下拉箭头按钮，系统立即列出该字段所有可选的数据项，只勾选"财务 01"复选框，如图 6-23 所示。单击"确定"按钮，工作表中立即显示数据筛选结果。

② 单击"高等数学"字段的三角下拉箭头按钮，选择"数字筛选"中的"高于平均值"选项，如图 6-24 所示。最终的数据筛选结果如图 6-25 所示。

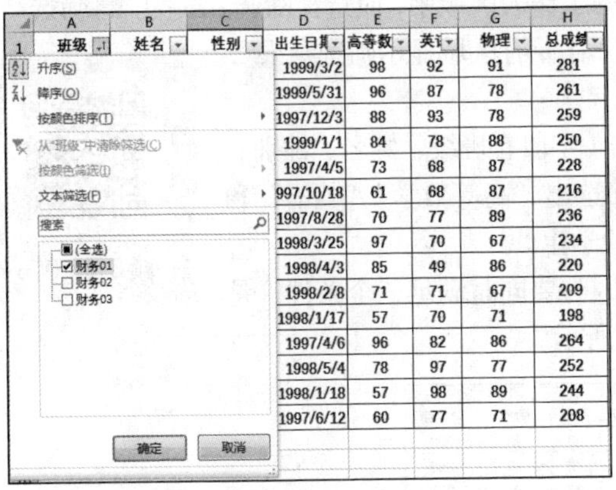

图 6-23

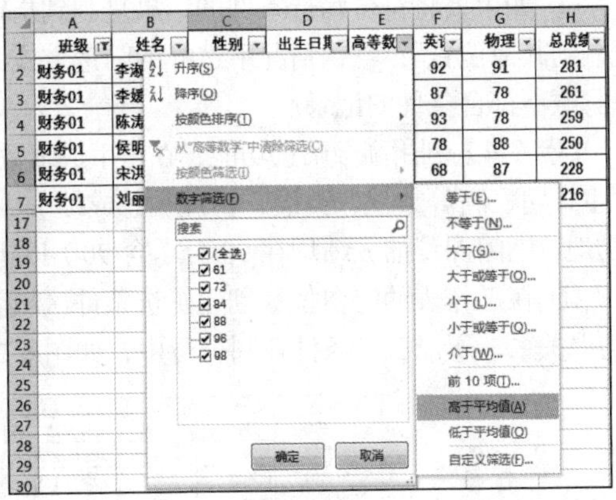

图 6-24

图 6-25

我们从本例可以看出，在单个筛选结果的基础上，可以通过单击其他字段的筛选按钮来建立多个筛选条件，实现进一步筛选。但是要注意，自动筛选时的条件选择是通过多次选择构建，每次筛选过程都是在前一次操作的基础上进行的。也就是说，自动筛选每次只能实现一个简单条件的筛选操作。

2．取消自动筛选

在自动筛选的状态下，再次单击"筛选"按钮，则取消自动筛选状态，恢复数据的原始状态。如果筛选数据后，单击"排序和筛选"选项组中的"清除"按钮，则清除已经设置的筛选条件，但是仍然保持自动筛选状态。

6.3.2　高级筛选

当自动筛选无法满足筛选要求，而用户需要进行复杂条件筛选时，可以通过对各个字段同时指定不同的条件，来实现对数据表的高级筛选。高级筛选可以一次设置多个筛选条件。

1．创建高级筛选条件区域

在高级筛选条件区域中需要指定各个字段的筛选条件，具体操作步骤如下。

① 在工作表的空白位置输入要指定筛选条件的字段名称。

② 在字段名称下方相应行中输入该字段的筛选条件表达式。这里，不同行之间的筛选条件是"或"的关系；同一行中不同字段之间的筛选条件是"与"的关系。

2. 创建高级筛选

创建好高级筛选条件区域后，按照如下步骤进行高级筛选操作。

① 选择数据区域中的任意一个单元格。

② 在"数据"选项卡的"排序和筛选"选项组中，单击"高级"筛选按钮，打开"高级筛选"对话框。

③ "高级筛选"对话框的"列表区域"自动选择了需要进行筛选的整个数据区域；在"条件区域"选择已经创建好的筛选条件区域。

④ 如果要将符合筛选条件的结果复制到指定的工作表区域中，应选择筛选方式为"将筛选结果复制到其他位置"；默认情况下选择的筛选方式为"在原有区域显示筛选结果"，只隐藏不符合条件的记录。

视频 6-4 例 6-4

【例 6-4】利用高级筛选功能，在学生成绩数据（字段有班级、姓名、性别、出生日期、高等数学、英语、物理、总成绩）中筛选出"高等数学""英语"和"物理"三门课程的成绩均在 90 分（含 90）以上的学生。

① 在工作表的空白位置创建筛选条件区域。因为要同时满足三个条件，是"与"关系，所以三个条件在同一行中，如图 6-26 所示。

	A	B	C	D	E	F	G	H	
1	班级	姓名	性别	出生日期	高等数学	英语	物理	总成绩	
2	财务01	陈涛	男	1997/12/3	88	93	78	259	
3	财务01	侯明斌	男	1999/1/1	84	78	88	250	
4	财务01	李淑子	女	1999/3/2	98	92	91	281	
5	财务01	李媛媛	女	1999/5/31	96	87	78	261	
6	财务01	刘丽	女	1997/10/18	61	68	87	216	
7	财务01	宋洪博	男	1997/4/5	73	68	87	228	← 数据区域
8	财务02	冯天民	男	1997/8/28	70	77	89	236	
9	财务02	胡涛	男	1998/3/25	97	70	67	234	
10	财务02	李小明	女	1998/1/17	57	70	71	198	
11	财务02	徐春雨	女	1998/4/3	85	49	86	220	
12	财务02	张喆	男	1998/2/8	71	71	67	209	
13	财务03	郭东斌	男	1997/6/12	60	77	71	208	
14	财务03	马垚	男	1998/5/4	78	97	77	252	
15	财务03	王毅刚	男	1997/4/6	96	82	86	264	
16	财务03	张荣伟	男	1998/1/18	57	98	89	244	
17									
18		高等数学	英语	物理					← 筛选条件区域
19		>=90	>=90	>=90					
20									

图 6-26

② 选择数据区域中的任意一个单元格，在"数据"选项卡的"排序和筛选"选项组中，单击"高级"筛选按钮，打开"高级筛选"对话框。

③ "高级筛选"对话框的"列表区域"已自动选择好需要进行筛选的整个数据区域\$A\$1:\$H\$16；在"条件区域"利用右侧的拾取器选择已经创建好的筛选条件区域\$B\$18:\$D\$19，如图 6-27 所示。

④ 单击"确定"按钮，筛选结果如图 6-28 所示。

图 6-27

	A	B	C	D	E	F	G	H
1	班级	姓名	性别	出生日期	高等数学	英语	物理	总成绩
4	财务01	李淑子	女	1999/3/2	98	92	91	281

图 6-28

【例6-5】利用高级筛选功能，在学生成绩数据（字段有班级、姓名、性别、出生日期、高等数学、英语、物理、总成绩）中筛选出"高等数学""英语"和"物理"三门课程中有一门的成绩在90分（含90）以上的学生。

① 在工作表的空白位置创建筛选条件区域。因为只要满足一个条件即可，是"或"关系，所以三个条件在不同行中，如图 6-29 所示。

	A	B	C	D	E	F	G	H
1	班级	姓名	性别	出生日期	高等数学	英语	物理	总成绩
2	财务01	陈涛	男	1997/12/3	88	93	78	259
3	财务01	侯明斌	男	1999/1/1	84	78	88	250
4	财务01	李淑子	女	1999/3/2	98	92	91	281
5	财务01	李媛媛	女	1999/5/31	96	87	78	261
6	财务01	刘丽	女	1997/10/18	61	68	87	216
7	财务01	宋洪博	男	1997/4/5	73	68	87	228
8	财务02	冯天民	男	1997/8/28	70	77	89	236
9	财务02	胡涛	男	1998/3/25	97	70	67	234
10	财务02	李小明	女	1998/1/17	57	70	71	198
11	财务02	徐春雨	女	1998/4/3	85	49	86	220
12	财务02	张喆	男	1998/2/8	71	71	67	209
13	财务03	郭东斌	男	1997/6/12	60	77	71	208
14	财务03	马垚	男	1998/5/4	78	97	77	252
15	财务03	王毅刚	男	1997/4/6	96	82	86	264
16	财务03	张荣伟	男	1998/1/18	57	98	89	244
17								
18		高等数学	英语	物理				
19		>=90						
20			>=90					
21				>=90				
22								

数据区域 →（指向数据表）
筛选条件区域 →（指向条件区）

图 6-29

② 选择数据区域中的任意一个单元格，在"数据"选项卡的"排序和筛选"选项组中，单击"高级"筛选按钮，打开"高级筛选"对话框。

③ "高级筛选"对话框的"列表区域"已自动选择好需要进行筛选的整个数据区域$A$1:$H$16；在"条件区域"利用右侧的拾取器选择已经创建的筛选条件区域$B$18:$D$21，如图 6-30 所示。

④ 单击"确定"按钮，筛选结果如图 6-31 所示。

图 6-30

	A	B	C	D	E	F	G	H
1	班级	姓名	性别	出生日期	高等数学	英语	物理	总成绩
2	财务01	陈涛	男	1997/12/3	88	93	78	259
4	财务01	李淑子	女	1999/3/2	98	92	91	281
5	财务01	李媛媛	女	1999/5/31	96	87	78	261
9	财务02	胡涛	男	1998/3/25	97	70	67	234
14	财务03	马垚	男	1998/5/4	78	97	77	252
15	财务03	王毅刚	男	1997/4/6	96	82	86	264
16	财务03	张荣伟	男	1998/1/18	57	98	89	244

图 6-31

3. 取消高级筛选

单击"排序和筛选"选项组中的"清除"按钮，可清除已经设置的高级筛选条件，恢复原始状态。

6.3.3 删除重复记录

所谓重复记录，通常是指在 Excel 中某些记录在各个字段中都有相同的内容。例如，图 6-32 中的第 2 行数据记录和第 6 行数据记录就是完全相同的两条记录，除此以外还有第 5 行和第 7 行也是一组重复记录。在有些情况下，用户也可能希望找出并删除某几个字段值相同的重复记录，例如，图 6-33 中的第 3 行数据记录和第 11 行数据记录中的"姓名"字段的内容相同，但其他字段的内容则不完全相同。

	A	B	C
1	姓名	性别	出生日期
2	李淑子	女	1999/3/2
3	刘丽	女	1997/10/18
4	侯明斌	男	1999/1/1
5	李媛媛	女	1999/5/31
6	李淑子	女	1999/3/2
7	李媛媛	女	1999/5/31
8	马垚	男	1998/5/4
9	郭东斌	男	1997/6/12
10	张喆	男	1998/2/8
11	刘丽	男	1999/1/10
12	张荣伟	男	1998/1/18

图 6-32

	A	B	C
1	姓名	性别	出生日期
2	李淑子	女	1999/3/2
3	刘丽	女	1997/10/18
4	侯明斌	男	1999/1/1
5	李媛媛	女	1999/5/31
6	李淑子	女	1999/3/2
7	李媛媛	女	1999/5/31
8	马垚	男	1998/5/4
9	郭东斌	男	1997/6/12
10	张喆	男	1998/2/8
11	刘丽	男	1999/1/10
12	张荣伟	男	1998/1/18

图 6-33

删除重复记录可以利用 Excel 的"删除重复项"功能或高级筛选功能实现，高级筛选功能是删除重复项的利器。

1. 利用"删除重复项"删除重复记录

其具体操作步骤如下。

① 选择数据区域中的任意一个单元格，在"数据"选项卡的"数据工具"选项组中，单击"删除重复项"按钮，打开"删除重复项"对话框。

② 在"删除重复项"对话框中勾选重复数据所在的字段。如果要求删除所有内容都完全相同的记录，就要把所有字段都勾选上；如果要删除的是某些字段内容相同的记录，那么只需要勾选相应的字段，如图 6-34 所示。

③ 单击"确定"按钮，立即得到删除重复项之后的数据清单，删除的记录行会自动由下方的记录行填补，并且不会影响数据表以外的其他区域。结果如图 6-35 所示。

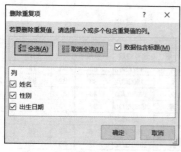

图 6-34

图 6-35

本例中勾选了所有字段，所以只删除完全相同的重复记录。如果想要删除姓名相同的重复记录，则只需在图 6-34 中勾选"姓名"字段。

2. 利用"高级筛选"删除重复记录

其具体操作步骤如下。

① 选择数据区域中的任意一个单元格。

② 在"数据"选项卡的"排序和筛选"选项组中，单击"高级"筛选按钮，打开"高级筛选"对话框。

③ "高级筛选"对话框的"列表区域"自动选择了需要进行筛选的整个数据区域；筛选方式一般选择"将筛选结果复制到其他位置"，以便于删除重复记录以后的处理操作；在指定这种方式时，会要求用户指定"复制到"哪里，也就是删除重复记录以后的数据清单放置位置，只需指定所要存放区域的第一个单元格即可，这里指定为 E1 单元格；必须勾选"选择不重复的记录"复选框，如图 6-36 所示。

④ 单击"确定"按钮，筛选结果如图 6-37 所示。在 E1 单元格开始的区域中生成删除重复记录以后的另一份数据清单。

图 6-36

	A	B	C	D	E	F	G
1	姓名	性别	出生日期		姓名	性别	出生日期
2	李淑子	女	1999/3/2		李淑子	女	1999/3/2
3	刘丽	女	1997/10/18		刘丽	女	1997/10/18
4	侯明斌	男	1999/1/1		侯明斌	男	1999/1/1
5	李媛媛	女	1999/5/31		李媛媛	女	1999/5/31
6	李淑子	女	1999/3/2		马垚	男	1998/5/4
7	李媛媛	女	1999/5/31		郭东斌	男	1997/6/12
8	马垚	男	1998/5/4		张喆	男	1998/2/8
9	郭东斌	男	1997/6/12		刘丽	男	1999/1/10
10	张喆	男	1998/2/8		张荣伟	男	1998/1/18
11	刘丽	男	1999/1/10				
12	张荣伟	男	1998/1/18				

图 6-37

本例在高级筛选时将整个数据区域 A1:C12 作为列表区域，所以只删除完全相同的重复记录。如果想要删除"姓名"相同的重复记录，则需要将"姓名"所在的单元格区域 A1:A12 作为列表区域，筛选方式选择"在原有区域显示筛选结果"即可，如图 6-38 所示。筛选结果如图 6-39 所示。

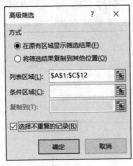

图 6-38

	A	B	C
1	姓名	性别	出生日期
2	李淑子	女	1999/3/2
3	刘丽	女	1997/10/18
4	侯明斌	男	1999/1/1
5	李媛媛	女	1999/5/31
8	马垚	男	1998/5/4
9	郭东斌	男	1997/6/12
10	张喆	男	1998/2/8
12	张荣伟	男	1998/1/18

图 6-39

需要说明的是，对于"姓名"相同的记录，保留的是最先出现的记录。例如，在第 2 行和第 6 行的"姓名"均为"李淑子"，Excel 保留的是最先出现的第 2 行数据记录，而隐藏后面的第 6 行数据记录。

6.4　分类汇总

见名知义，分类汇总就是先分类，再汇总。分类是对某字段的内容进行排序，使具有相同值的数据项连续存放；汇总是对每一类数据分别进行统计计算。Excel 中的分类汇总功能能够支持在同一工作表中提供多次不同汇总结果的显示。

6.4.1 创建分类汇总

Excel 要求在进行分类汇总之前，首先要对数据按分类字段进行排序，在有序数据的基础上，再通过指定分类汇总方式，得到汇总结果。分类汇总的具体操作步骤如下。

① 按分类字段进行排序，使相同的数据记录集中在一起。

② 在"数据"选项卡的"分级显示"选项组中，单击"分类汇总"按钮，打开"分类汇总"对话框。

③ 在"分类汇总"对话框中，完成如下设置。

- 分类字段：选择要分类的字段。
- 汇总方式：选择汇总函数，可以是求和、计数、平均值、最大值、最小值、乘积、数值计数、标准偏差、总体标准偏差、方差、总体方差等。
- 选定汇总项：选中要计算的字段，可以根据需要勾选一个或多个需要汇总的字段。
- 替换当前分类汇总：用当前新建立的分类汇总替代原来的分类汇总结果。
- 每组数据分页：将每个分类的汇总结果自动分页显示。
- 汇总结果显示在数据下方：指定汇总行位于明细行的下方。

④ 若要进行多级分类汇总，重复①～③的操作，但一定注意不要勾选"替换当前分类汇总"复选框。

视频 6-5　例 6-6

【例 6-6】对学生成绩数据（字段有班级、姓名、性别、出生日期、高等数学、英语、物理、总成绩），要求按"班级"和"性别"分别汇总高等数学、英语和物理成绩的平均值。

分析：需要分别按"班级"和"性别"进行分类汇总，首先要按照"班级"和"性别"进行排序，然后分别按"班级"和"性别"进行两次分类汇总操作。

① 选择数据区域中的任意一个单元格，在"数据"选项卡"排序和筛选"选项组中，单击"排序"按钮，打开"排序"对话框，指定主要关键字为"班级"，次要关键字为"性别"，如图 6-40 所示，设置完毕后单击"确定"按钮关闭该对话框。

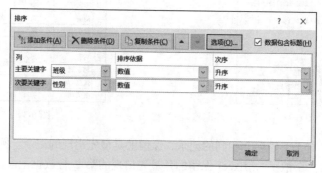

图 6-40

② 在"数据"选项卡的"分级显示"选项组中，单击"分类汇总"按钮，打开"分类汇总"对话框，设置按"班级"汇总"高等数学""英语"和"物理"的"平均值"，此时默认勾选"替换当前分类汇总"复选框，如图 6-41 所示。

③ 单击"确定"按钮完成按"班级"的分类汇总，汇总结果如图 6-42 所示。

图 6-41

1 2 3		A	B	C	D	E	F	G	H
	1	班级	姓名	性别	出生日期	高等数学	英语	物理	总成绩
	2	财务01	宋洪博	男	1997/4/5	73	68	87	228
	3	财务01	陈涛	男	1997/12/3	88	93	78	259
	4	财务01	侯明斌	男	1999/1/1	84	78	88	250
	5	财务01	刘丽	女	1997/10/18	61	68	87	216
	6	财务01	李淑子	女	1999/3/2	98	92	91	281
	7	财务01	李媛媛	女	1999/5/31	96	87	78	261
	8	财务01 平均值				83.3333	81	84.83333	
	9	财务02	冯天民	男	1997/8/28	70	77	89	236
	10	财务02	张喆	男	1998/2/8	71	71	67	209
	11	财务02	胡涛	男	1998/3/25	97	70	67	234
	12	财务02	李小明	女	1998/1/17	57	70	71	198
	13	财务02	徐春雨	女	1998/4/3	85	49	86	220
	14	财务02 平均值				76	67.4	76	
	15	财务03	王毅刚	男	1997/4/6	96	82	86	264
	16	财务03	郭东斌	男	1997/6/12	60	77	71	208
	17	财务03	张荣伟	男	1998/1/18	57	98	89	244
	18	财务03	马垚	男	1998/5/4	78	97	77	252
	19	财务03 平均值				72.75	88.5	80.75	
	20	总计平均值				78.0667	78.47	80.8	

图 6-42

④ 在"数据"选项卡的"分级显示"选项组中，再次单击"分类汇总"按钮，打开"分类汇总"对话框，设置按"性别"汇总"高等数学""英语""物理"的"平均值"，并取消勾选"替换当前分类汇总"复选框，如图 6-43 所示。

⑤ 单击"确定"按钮完成按"性别"的分类汇总。汇总结果如图 6-44 所示。

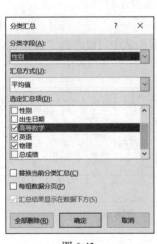

图 6-43

1 2 3 4		A	B	C	D	E	F	G	H
	1	班级	姓名	性别	出生日期	高等数学	英语	物理	总成绩
	2	财务01	宋洪博	男	1997/4/5	73	68	87	228
	3	财务01	陈涛	男	1997/12/3	88	93	78	259
	4	财务01	侯明斌	男	1999/1/1	84	78	88	250
	5			男 平均值		81.6667	79.67	84.33333	
	6	财务01	刘丽	女	1997/10/18	61	68	87	216
	7	财务01	李淑子	女	1999/3/2	98	92	91	281
	8	财务01	李媛媛	女	1999/5/31	96	87	78	261
	9			女 平均值		85	82.33	85.33333	
	10	财务01 平均值				83.3333	81	84.83333	
	11	财务02	冯天民	男	1997/8/28	70	77	89	236
	12	财务02	张喆	男	1998/2/8	71	71	67	209
	13	财务02	胡涛	男	1998/3/25	97	70	67	234
	14			男 平均值		79.3333	72.67	74.33333	
	15	财务02	李小明	女	1998/1/17	57	70	71	198
	16	财务02	徐春雨	女	1998/4/3	85	49	86	220
	17			女 平均值		71	59.5	78.5	
	18	财务02 平均值				76	67.4	76	
	19	财务03	王毅刚	男	1997/4/6	96	82	86	264
	20	财务03	郭东斌	男	1997/6/12	60	77	71	208
	21	财务03	张荣伟	男	1998/1/18	57	98	89	244
	22	财务03	马垚	男	1998/5/4	78	97	77	252
	23			男 平均值		72.75	88.5	80.75	
	24	财务03 平均值				72.75	88.5	80.75	
	25	总计平均值				78.0667	78.47	80.8	

图 6-44

在按"班级"分类汇总的基础上，继续按"性别"进行第二次分类汇总，并且在第二次分类汇总时不勾选"替换当前分类汇总"复选框，实现了分类汇总的嵌套。如果在第二次分类汇总时勾选了"替换当前分类汇总"复选框，将只保留按"性别"分类汇总的结果，同时删除第一次按"班级"分类汇总的结果。从图 6-44 中可以看出，由于财务 03 班中没有女生的数据，所以汇总结果中没有财务 03 班女生的平均值。

提示

　　在分类汇总前必须先按分类的字段进行排序。

6.4.2　分级显示分类汇总

分类汇总完成后，在分类汇总结果的左侧会出现分级显示符号 [1][2][3][4] 和分级标识线，且默认显示第 4 级，即显示全部数据内容。通常完成一次分类汇总后分为三个级别，嵌套一次分类汇总后分为 4 个级别，依次类推。用户可以根据需要分级显示数据。

例如，单击 1 级显示符号，只显示总的汇总结果，即总计平均值，其他级别的数据都被隐藏起来，如图 6-45 所示。

		A	B	C	D	E	F	G	H
	1	班级	姓名	性别	出生日期	高等数学	英语	物理	总成绩
	25	总计平均值				78.0667	78.47	80.8	

图 6-45

单击 2 级显示符号，将同时显示第 1 级和第 2 级的数据内容，即总计平均值和各个班级的平均值，其他级别的数据都被隐藏起来，如图 6-46 所示。

		A	B	C	D	E	F	G	H
	1	班级	姓名	性别	出生日期	高等数学	英语	物理	总成绩
+	10	财务01 平均值				83.3333	81	84.83333	
+	18	财务02 平均值				76	67.4	76	
+	24	财务03 平均值				72.75	88.5	80.75	
-	25	总计平均值				78.0667	78.47	80.8	

图 6-46

单击 3 级显示符号，将同时显示第 1 级、第 2 级和第 3 级的数据内容，即总计平均值、各个班级的平均值、各班男女生的平均值，其他级别的数据都被隐藏起来，如图 6-47 所示。

如果需要查看/隐藏某一类的明细数据，则可以单击分级标识线上的"+"/"-"符号，以展开/折叠其明细数据。图 6-48 是展开"财务 02"班明细数据的工作表，我们从中可以看到"财务 02"所有汇总项左侧分级标识线上都是"-"号。

		A	B	C	D	E	F	G	H
	1	班级	姓名	性别	出生日期	高等数学	英语	物理	总成绩
+	5			男 平均值		81.6667	79.67	84.33333	
+	9			女 平均值		85	82.33	85.33333	
-	10	财务01 平均值				83.3333	81	84.83333	
+	14			男 平均值		79.3333	72.67	74.33333	
+	17			女 平均值		71	59.5	78.5	
-	18	财务02 平均值				76	67.4	76	
+	23			男 平均值		72.75	88.5	80.75	
-	24	财务03 平均值				72.75	88.5	80.75	
	25	总计平均值				78.0667	78.47	80.8	

图 6-47

		A	B	C	D	E	F	G	H
	1	班级	姓名	性别	出生日期	高等数学	英语	物理	总成绩
+	10	财务01 平均值				83.3333	81	84.83333	
-	11	财务02	冯天民	男	1997/8/28	70	77	89	236
	12	财务02	张喆	男	1998/2/8	71	71	67	209
	13	财务02	胡涛	男	1998/3/25	97	70	67	234
	14			男 平均值		79.3333	72.67	74.33333	
-	15	财务02	李小明	女	1998/1/17	57	70	71	198
	16	财务02	徐春雨	女	1998/4/3	85	49	86	220
	17			女 平均值		71	59.5	78.5	
-	18	财务02 平均值				76	67.4	76	
+	24	财务03 平均值				72.75	88.5	80.75	
	25	总计平均值				78.0667	78.47	80.8	

图 6-48

6.4.3　复制分类汇总结果

如果用户需要将分类汇总的结果复制到其他位置或其他工作表，则不能采用直接复制、粘贴的方法。因为分类汇总时有关明细数据只是隐藏了，直接复制、粘贴会将整个数据区域一并复制，复制分类汇总结果的具体操作步骤如下。

① 显示出要复制的汇总数据，隐藏其他数据，然后选取要复制的数据区域。

② 在"开始"选项卡的"编辑"选项组中，单击"查找和选择"按钮，选择"定位条件"，打开"定位条件"对话框。

③ 在"定位条件"对话框中选择"可见单元格"，如图 6-49 所示。设置完成后单击"确定"按钮关闭该对话框。

④ 此时执行复制操作，将不会复制那些隐藏的明细数据。然后选定目标位置，执行粘贴操作即可。

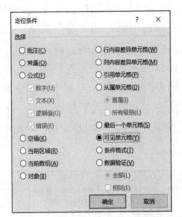

视频 6-6　例 6-7

图 6-49

【例 6-7】将图 6-46 中按"班级"汇总的高等数学、英语和物理成绩平均值复制到另一张工作表中。

① 在分类汇总结果左侧单击 2 级显示符号，显示按"班级"分类汇总的平均值（即总计平均值和各个班级的平均值），然后选取整个数据区域 A1:H25。

② 在"开始"选项卡的"编辑"选项组中，单击"查找和选择"按钮，选择"定位条件"，打开"定位条件"对话框。

③ 在"定位条件"对话框中选择"可见单元格"，单击"确定"按钮关闭该对话框。

④ 执行复制操作，然后选定目标位置，执行粘贴操作。复制结果如图 6-50 所示。

	班级	姓名	性别	出生日期	高等数学	英语	物理	总成绩
1	A	B	C	D	E	F	G	H
2	财务01 平均值				83.33333	81	84.83333	
3	财务02 平均值				76	67.4	76	
4	财务03 平均值				72.75	88.5	80.75	
5	总计平均值				78.06667	78.46667	80.8	

图 6-50

6.4.4　删除分类汇总

删除分类汇总，使工作表还原成原始状态，具体操作步骤如下。

① 单击包含分类汇总的任意一个单元格。

② 在"数据"选项卡的"分级显示"选项组中，单击"分类汇总"按钮。

③ 在打开的"分类汇总"对话框中，单击"全部删除"按钮。

6.5　应用实例——学生成绩数据管理

用户可以使用下拉列表录入学生成绩数据，然后对学生成绩数据进行排序、查询以及分类汇总等操作。

1．创建输入数据的下拉列表

在数据表中需要录入的内容包括：班级、姓名、性别、学院和专业。根据学校的实际情况，要求将"性别""学院"和"专业"这三项内容设置为通过下拉列表进行选择的录入方式。"性别"的录入，只包含"男"和"女"两项；"学院"的录入，需要根据不同学校的具体状况进行设置；而"专业"的录入，其内容实际上已经受到指定学院的限制，必须在指定学院内进行选择。

分析：对于"性别"录入，下拉列表中只包含"男"和"女"两项，可以直接利用数据验证功能进行设置。由于各学院所包含的专业较多，在进行设置之前，首先要建立下拉列表中使用的列表数据，并保存在一个独立的工作表中。如图 6-51 所示，在"下拉列表"工作表中，A 列中列出了本校所有的学院名称，在构建学院的录入下拉列表时，将使用 A 列中限定的数据内容；B 列、C 列和D 列中分别列出了各个学院的所有专业，在构建专业的录入下拉列表时，将根据所选择的学院分别使用 B 列、C 列或 D 列中限定的数据内容，如果在录入"专业"时尚未录入学院，则使用 E 列建立空白列表。

	A	B	C	D	E
1	学院	经济与管理学院相关专业	数理学院相关专业	计算机学院相关专业	空白列
2	经济与管理学院	工商管理	信息与计算科学	计算机科学与技术	
3	数理学院	会计学	应用物理学	软件工程	
4	计算机学院	财务管理		信息安全	
5		人力资源管理		物联网工程	
6		工程造价		网络工程	
7					

图 6-51

（1）创建"性别"下拉列表。"性别"下拉列表的创建直接利用数据验证功能就可以完成，具体操作步骤如下。

① 在"性别"列中选定需要使用下拉列表的单元格或单元格区域。

② 在"数据"选项卡的"数据工具"选项组中，单击"数据验证"按钮，选择"数据验证"选项，打开"数据验证"对话框。

③ 在"设置"选项卡中，将"允许"下拉列表框中的数据类型指定为"序列"；在"来源"文本框中直接输入列表内容"男,女"（注意其中的逗号必须是英文符号），而且必须勾选"提供下拉箭头"复选框，如图 6-52 所示。

④ 单击"确定"按钮，完成"性别"下拉列表的创建，数据录入效果如图 6-53 所示。

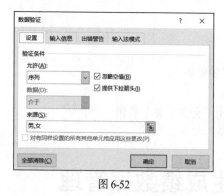

图 6-52

图 6-53

（2）创建"学院"下拉列表。对于数据表中"学院"的录入，需要根据不同学校的具体状况进行设置，录入内容会有所变化，具体操作步骤如下。

① 在"学院"列中选定需要使用下拉列表的单元格或单元格区域。

② 打开"数据验证"对话框后，在"设置"选项卡中，将"允许"下拉列表框中的数据类型指定为"序列"；在"来源"文本框中，通过右侧的拾取器选择"下拉列表"工作表中的 A 列（学院）

中的数据区域，注意必须勾选"提供下拉箭头"复选框，如图 6-54 所示。

③ 单击"确定"按钮，完成"学院"下拉列表的创建，数据录入效果如图 6-55 所示。

图 6-54

图 6-55

（3）创建"专业"下拉列表。"专业"下拉列表的内容与"学院"数据内容相关，所以在设置"专业"的数据来源时必须使用 IF 函数辅助实现，按"学院"列录入的不同内容选择不同的数据来源。具体操作步骤如下。

① 在"专业"列中选定需要使用下拉列表的第一个单元格（其他单元格通过函数复制实现）。

② 打开"数据验证"对话框后，在"设置"选项卡中，将"允许"下拉列表框中的数据类型指定为"序列"；在"来源"文本框中，通过 IF 函数嵌套的方式最终选择不同的数据区域。完整的 IF 函数为：=IF(D2=下拉列表!\$A\$2，下拉列表!\$B\$2: \$B\$6，

IF(D2=下拉列表!\$A\$3，下拉列表!\$C\$2: \$C\$3，

IF(D2=下拉列表!\$A\$4，下拉列表!\$D\$2: \$D\$6，下拉列表!\$E\$2: \$E\$6)))

③ 单击"确定"按钮，完成"专业"下拉列表的创建，数据录入效果如图 6-56 所示。

2. 多字段数据排序

对学生高等数学成绩数据（字段有班级、姓名、性别、成绩、评定等级）按照评定等级（优秀、良好、中等、及格、不及格）的顺序排序，若等级相同则按照"班级"升序排序，若"班级"又相同则按照"成绩"降序进行排序。

① 在工作表中选择数据区域的任意一个单元格。

② 在"数据"选项卡"排序和筛选"选项组中，单击"排序"按钮，打开"排序"对话框，指定"评定等级"作为主要关键字，次序为"自定义序列"，在弹出的"自定义序列"对话框中，按"优秀，良好，中等，及格，不及格"的顺序输入序列的内容，然后单击"添加"按钮添加到自定义序列中，如图 6-57 所示，添加完成后单击"确定"按钮关闭该对话框。

图 6-56

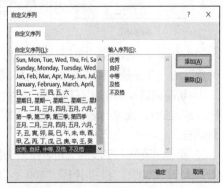

图 6-57

③ 在"排序"对话框中添加第一个次要关键字"班级"，次序为"升序"；添加第二个次要关键字"成绩"，次序为"降序"，如图 6-58 所示。

④ 单击"确定"按钮，排序结果如图 6-59 所示。

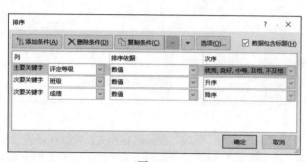

图 6-58

	A	B	C	D	E
1	班级	姓名	性别	成绩	评定等级
2	财务01	李淑子	女	98	优秀
3	财务01	李媛媛	女	96	优秀
4	财务02	胡涛	男	97	优秀
5	财务03	王毅刚	男	96	优秀
6	财务01	陈涛	男	88	良好
7	财务01	侯明斌	男	84	良好
8	财务02	徐春雨	女	85	良好
9	财务01	宋洪博	男	73	中等
10	财务02	张喆	男	71	中等
11	财务02	冯天民	男	70	中等
12	财务03	马垚	男	78	中等
13	财务01	刘丽	女	61	及格
14	财务01	郭东斌	男	60	及格
15	财务02	李小明	女	57	不及格
16	财务03	张荣伟	男	57	不及格

图 6-59

3. 数据查询

一般使用自动筛选功能就可以解决日常工作中的数据查询功能。下面以学生成绩数据（字段有班级、姓名、性别、出生日期、高等数学、英语、物理、总成绩）为例，实现不同的查询功能。学生成绩数据的原始记录如图 6-60 所示。

（1）查询总成绩最低的 3 位学生。用户可以通过总成绩字段"数字筛选"中的"前 10 项"来实现。

① 选择数据区域中的任意一个单元格。

② 在"数据"选项卡的"排序和筛选"选项组中，单击"筛选"按钮，切换到自动筛选状态。

③ 单击"总成绩"字段的三角下拉箭头按钮，选择"数字筛选"中的"前 10 项"选项，打开"自动筛选前 10 个"对话框，设置显示"最小"的"3"项，如图 6-61 所示。

④ 单击"确定"按钮，工作表中立即显示数据筛选结果，如图 6-62 所示。

	A	B	C	D	E	F	G	H
1	班级	姓名	性别	出生日期	高等数学	英语	物理	总成绩
2	财务01	李淑子	女	1999/3/2	98	92	91	281
3	财务01	李媛媛	女	1999/5/31	96	87	78	261
4	财务01	陈涛	男	1997/12/3	88	93	78	259
5	财务01	侯明斌	男	1999/1/1	84	78	88	250
6	财务01	宋洪博	男	1997/4/5	73	68	87	228
7	财务01	刘丽	女	1997/10/18	61	68	87	216
8	财务02	冯天民	男	1997/8/28	70	77	89	236
9	财务02	胡涛	男	1998/3/25	97	70	67	234
10	财务02	徐春雨	女	1998/4/3	85	49	86	220
11	财务02	张喆	男	1998/2/8	71	71	67	209
12	财务02	李小明	女	1998/1/17	57	70	71	198
13	财务02	王毅刚	男	1997/4/6	96	82	86	264
14	财务03	马垚	男	1998/5/4	78	97	77	252
15	财务03	张荣伟	男	1998/1/18	57	98	89	244
16	财务03	郭东斌	男	1997/6/12	60	77	71	208

图 6-60

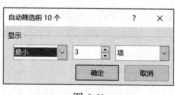

图 6-61

	A	B	C	D	E	F	G	H
1	班级	姓名	性别	出生日期	高等数学	英语	物理	总成绩
10	财务02	李小明	女	1998/1/17	57	70	71	198
12	财务02	张喆	男	1998/2/8	71	71	67	209
13	财务03	郭东斌	男	1997/6/12	60	77	71	208

图 6-62

（2）查询姓"李"的"英语"成绩大于 80 且小于 100 的学生。用户可以通过"姓名"字段"文本筛选"的"开头是"和"英语"字段"数字筛选"中的"自定义筛选"来实现。

① 切换到自动筛选状态后，单击"姓名"字段的三角下拉箭头按钮，选择"文本筛选"中的"开头是"选项，设置姓名"开头是"李"，如图 6-63 所示，设置完成后单击"确定"按钮关闭该对话框。

② 单击"英语"字段的三角下拉箭头按钮，选择"数字筛选"中的"自定义筛选"选项，设置英语"大于""80""与""小于""100"，如图 6-64 所示。

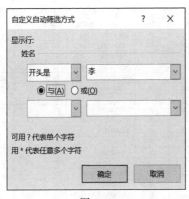

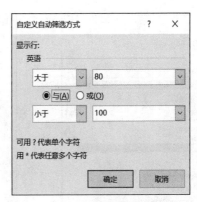

图 6-63　　　　　　　　　　　　　　　　图 6-64

③ 单击"确定"按钮，工作表中立即显示数据筛选结果，如图 6-65 所示。

	A	B	C	D	E	F	G	H
1	班级	姓名	性别	出生日期	高等数学	英语	物理	总成绩
4	财务01	李淑子	女	1999/3/2	98	92	91	281
5	财务01	李媛媛	女	1999/5/31	96	87	78	261

图 6-65

（3）查询 1998 年出生的学生。用户可以通过"出生日期"字段日期筛选的"介于"选项来实现。

① 切换到自动筛选状态后，单击"出生日期"字段的三角下拉箭头按钮，选择"日期筛选"中的"介于"选项，设置出生日期"在以下日期之后或与之相同""1998/1/1""与""在以下日期之前或与之相同""1998/12/31"，如图 6-66 所示。

② 单击"确定"按钮，工作表中立即显示数据筛选结果，如图 6-67 所示。

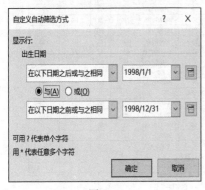

	A	B	C	D	E	F	G	H
1	班级	姓名	性别	出生日期	高等数学	英语	物理	总成绩
9	财务02	胡涛	男	1998/3/25	97	70	67	234
10	财务02	李小明	女	1998/1/17	57	70	71	198
11	财务02	徐春雨	女	1998/4/3	85	49	86	220
12	财务02	张喆	男	1998/2/8	71	71	67	209
14	财务03	马垚	男	1998/5/4	78	97	77	252
16	财务03	张荣伟	男	1998/1/18	57	98	89	244

图 6-66　　　　　　　　　　　　　　　　图 6-67

4. 数据分类汇总

（1）对学生成绩数据（字段有班级、姓名、性别、出生日期、高等数学、英语、物理、总成绩）按"班级"汇总各班高等数学、英语和物理成绩的最高分。

① 按"班级"升序排序。

② 在"数据"选项卡的"分级显示"选项组中，单击"分类汇总"按钮，打开"分类汇总"对话框，设置按"班级"汇总"高等数学""英语"和"物理"的"最大值"，此时默认勾选"替换当前分类汇总"和"汇总结果显示在数据下方"两个复选框，如图 6-68 所示。

③ 单击"确定"按钮完成按"班级"的分类汇总，汇总结果如图 6-69 所示。

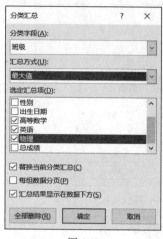

图 6-68

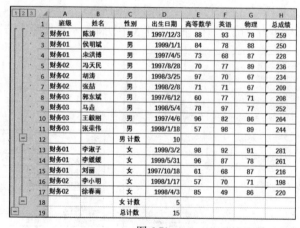

图 6-69

（2）对学生成绩数据（字段有班级、姓名、性别、出生日期、高等数学、英语、物理、总成绩）按"性别"汇总男女生人数。

① 按"性别"升序排序。

② 在"数据"选项卡的"分级显示"选项组中，单击"分类汇总"按钮，打开"分类汇总"对话框，设置按"性别"对"出生日期"进行"计数"，如图 6-70 所示。

③ 单击"确定"按钮完成按"性别"的分类汇总，汇总结果如图 6-71 所示。

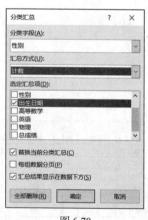

图 6-70

	班级	姓名	性别	出生日期	高等数学	英语	物理	总成绩
2	财务01	陈涛	男	1997/12/3	88	93	78	259
3	财务01	侯明斌	男	1999/1/1	84	78	88	250
4	财务01	宋洪博	男	1997/4/5	73	68	87	228
5	财务02	冯天民	男	1997/8/28	70	77	89	236
6	财务02	胡涛	男	1998/3/25	97	70	67	234
7	财务02	张喆	男	1998/2/8	71	71	67	209
8	财务03	郭东斌	男	1997/6/12	60	77	71	208
9	财务03	马垚	男	1998/5/4	78	97	77	252
10	财务03	王毅刚	男	1997/4/6	96	82	86	264
11	财务03	张荣伟	男	1998/1/18	57	98	89	244
12			男 计数	10				
13	财务01	李淑子	女	1999/3/2	98	92	91	281
14	财务01	李媛媛	女	1999/5/31	96	87	78	261
15	财务01	刘丽	女	1997/10/18	61	68	87	216
16	财务02	李小明	女	1998/1/17	57	70	71	198
17	财务02	徐春雨	女	1998/4/3	85	49	86	220
18			女 计数	5				
19			总 计数	15				

图 6-71

提示　计数的结果将显示在所勾选的字段中，因此可以任意选择一个字段进行计数。

（3）对学生高等数学成绩数据（字段有班级、姓名、性别、成绩、评定等级）按照"评定等级"（优秀、良好、中等、及格、不及格）汇总各个等级的人数。

① 按"评定等级"的自定义序列排序。

② 在"数据"选项卡的"分级显示"选项组中，单击"分类汇总"按钮，打开"分类汇总"对话框，设置按"评定等级"对"成绩"进行"计数"，即汇总结果显示在"成绩"字段中，如图 6-72 所示。

③ 单击"确定"按钮完成按"评定等级"的分类汇总，汇总结果如图 6-73 所示。

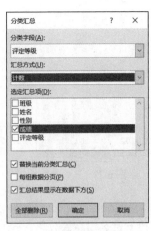

图 6-72

1 2 3		A	B	C	D	E
	1	班级	姓名	性别	成绩	评定等级
	2	财务01	李淑子	女	98	优秀
	3	财务01	李媛媛	女	96	优秀
	4	财务02	胡涛	男	97	优秀
	5	财务03	王毅刚	男	96	优秀
	6				4	优秀 计数
	7	财务01	陈涛	男	88	良好
	8	财务01	侯明斌	男	84	良好
	9	财务02	徐春雨	女	85	良好
	10				3	良好 计数
	11	财务01	宋洪博	男	73	中等
	12	财务02	张喆	男	71	中等
	13	财务02	冯天民	男	70	中等
	14	财务03	马垚	男	78	中等
	15				4	中等 计数
	16	财务01	刘丽	女	61	及格
	17	财务03	郭东斌	男	60	及格
	18				2	及格 计数
	19	财务02	李小明	女	57	不及格
	20	财务03	张荣伟	男	57	不及格
	21				2	不及格 计数
	22				15	总计数

图 6-73

6.6　实用技巧——快速核对数据

在日常学习和工作中，用户经常需要对比一个表格中的两列或多列数据，甚至两个表格中的多列数据是否一致。当数据量较少时，用户可以直接观察发现是否一致；当数据量很大时，利用一些技巧有助于快速完成数据核对。

1. 核对同一个表格中的两列数据是否一致

对一个表格中的两列数据（列1、列2）进行对比，找出所有不相同的行。

① 选中需要核对的两列数据，例如，单元格区域 A2:B8。

② 按下【Ctrl+G】组合键，在弹出的定位对话框中单击"定位条件"按钮，打开"定位条件"对话框，选择"行内容差异单元格"，如图 6-74 所示。

③ 单击"确定"按钮，此时在"列2"中所有与"列1"不一致的单元格都会被选中，对选中的单元格任意填充颜色进行区分，结果如图 6-75 所示。

图 6-74

	A	B
1	列1	列2
2	宋洪博	宋洪博
3	刘丽	刘莉
4	8259	8259
5	1010102	101102
6	2023/10/1	2023年10月1日
7	2023/12/30	2023年12月3日
8	2023/12/31	2023/12/31

图 6-75

④ 如图 6-76 所示，对"列 2"按颜色自动筛选数据，选择"按单元格颜色筛选"，即可找出所有不一致的数据，筛选结果如图 6-77 所示。

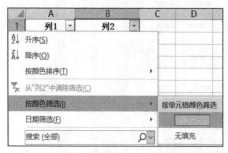

图 6-76

图 6-77

2. 核对两个表格中的多列数据是否一致

对图 6-78 所示两个表格（表 1、表 2）中的学生成绩数据（字段有姓名、高等数学、英语、物理）进行对比，找出所有不相同的行，其中表格数据的排列顺序不一致。

	A	B	C	D	E	F	G	H	I
1		表1					表2		
2	姓名	高等数学	英语	物理		姓名	高等数学	英语	物理
3	李小明	57	70	71		张喆	71	75	67
4	张荣伟	57	98	89		郭东斌	60	77	71
5	郭东斌	60	77	71		李小明	57	70	71
6	刘丽	61	68	87		李媛媛	96	87	78
7	冯天民	70	77	89		刘丽	61	68	87
8	张喆	71	71	67		宋洪博	73	68	87
9	宋洪博	73	68	87		侯明斌	70	78	88
10	侯明斌	84	78	88		冯天民	70	77	89
11	徐春雨	85	49	86		张荣伟	57	98	89
12	李媛媛	96	87	78		徐春雨	85	49	97

图 6-78

① 选择表 1 中所有数据 A2:D12，单击"数据"选项卡"筛选和筛选"选项组中的"高级"按钮，打开"高级筛选"对话框。

② 在"高级筛选"对话框中，"列表区域"默认选择表 1 的所有数据，"条件区域"选择表 2 中的所有数据$F$2:$I$12，如图 6-79 所示。

③ 单击"确定"按钮，此时在表 1 中会筛选出与表 2 数据相同的全部数据，如图 6-80 所示。再将表 1 中筛选出来的数据任意填充一种颜色进行区分。

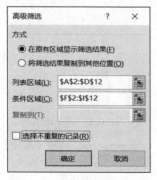

图 6-79

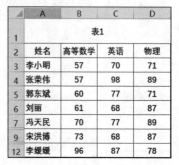

图 6-80

④ 单击"数据"选项卡"筛选和筛选"选项组中的"清除"按钮清除筛选，此时表 1 中未被填充颜色的就是不一致的数据，如图 6-81 所示。

	A	B	C	D	E	F	G	H	I
1		表1					表2		
2	姓名	高等数学	英语	物理		姓名	高等数学	英语	物理
3	李小明	57	70	71		张喆	71	75	67
4	张荣伟	57	98	89		郭东斌	60	77	71
5	郭东斌	60	77	71		李小明	57	70	71
6	刘丽	61	68	87		李媛媛	96	87	78
7	冯天民	70	77	89		刘丽	61	68	87
8	张喆	71	71	67		宋洪博	73	68	87
9	宋洪博	73	68	87		侯明斌	70	78	88
10	侯明斌	84	78	88		冯天民	70	77	89
11	徐春雨	85	49	86		张荣伟	57	98	89
12	李媛媛	96	87	78		徐春雨	85	49	97

图 6-81

课堂实验

实验一　数据验证实验

一、实验目的

（1）掌握各种类型数据验证的设置方法。

（2）掌握数据输入下拉列表的设置方法。

二、实验内容

打开实验素材中的文件"实验 6-1.xlsx"，利用数据验证功能制作表格模板，强制性要求必须按规定填写表格中的数据。具体要求如下。

（1）"姓名"字段：要求不能出现重名，如果出现重名，则给出错误提示信息"有同名的学生存在！"。

"姓名"字段的设置样例：

函数 COUNTIF(A:A,A1)的功能是统计 A1 单元格中的数据项在 A 列中出现的次数，由于不允许重名，所以统计结果只能为 1。

（2）"性别"字段：只能输入"男"或"女"。

"性别"字段的设置样例：

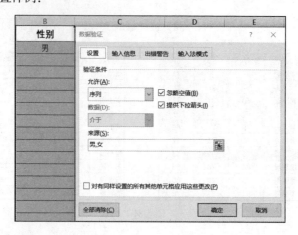

（3）"身份证号"字段：文本长度必须是18位。

"身份证号"字段的设置样例：

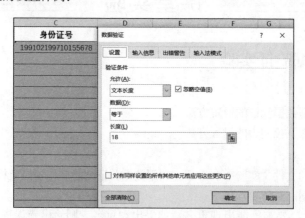

（4）"入学总分"字段：规定只能填写整数，并且取值范围为0～750。

"入学总分"字段的设置样例：

（5）"所属年级"字段：只能从大一、大二、大三、大四、研一、研二、研三中进行选择。

"所属年级"字段的设置样例：

（6）"填表日期"字段：只能输入某个日期范围内的数据，例如，只能输入 2023 年 9 月 1 日到 2024 年 8 月 31 日之间的日期，并且日期格式为："年/月/日"，即"2023/9/1"的形式。

"填表日期"字段的设置样例：

（7）任意录入两条满足数据验证条件的学生信息。在录入姓名时，请尝试录入同名。

实验二　排序与分类汇总

一、实验目的

（1）掌握排序的方法。

（2）掌握分类汇总的方法。

二、实验内容

打开实验素材中的文件"实验 6-2.xlsx"，按下列要求完成操作。

（1）将"订单信息"工作表中所有书店 2022 年的销售记录复制到一个新工作表中，并将新工作表重命名为"单字段排序"。然后，按照"订单金额"的降序排列。

样例：

	A	B	C	D	E	F	G
1	书店名称	订单编号	订单日期	订单金额/元	销售员	收货区域	收货省市
2	鼎盛轩书店	BTW-08378	2022年7月13日	￥ 2,507.10	陈涛	华中	湖北省武汉市
3	鼎盛轩书店	BTW-08085	2022年2月14日	￥ 2,476.60	宋晓松	东北	辽宁省大连中
4	博达书店	BTW-08364	2022年7月11日	￥ 2,358.50	王晓红	华南	广东省广州市
5	启航书店	BTW-08393	2022年7月20日	￥ 2,358.50	刘广志	华东	上海市
6	鼎盛轩书店	BTW-08280	2022年5月30日	￥ 2,250.60	宋晓松	西南	重庆市
7	鼎盛轩书店	BTW-08494	2022年9月6日	￥ 2,225.00	陈涛	华北	北京市
8	鼎盛轩书店	BTW-08002	2022年1月2日	￥ 2,180.50	宋晓松	华东	上海市
9	鼎盛轩书店	BTW-08181	2022年4月7日	￥ 2,180.50	宋晓松	华东	上海市
10	启航书店	BTW-08268	2022年5月25日	￥ 2,180.50	刘广志	华东	福建省厦门市

订单信息　单字段排序

（2）将"订单信息"工作表中所有书店 2022 年的销售记录复制到一个新工作表中，并将新工作表重命名为"多字段排序"。然后，将主要关键字按照"书店名称"升序排序，次要关键字按照"订单金额"降序排序。

样例：

	A	B	C	D	E	F	G
1	书店名称	订单编号	订单日期	订单金额/元	销售员	收货区域	收货省市
2	博达书店	BTW-08364	2022年7月11日	¥ 2,358.50	王晓红	华南	广东省广州市
3	博达书店	BTW-08337	2022年6月27日	¥ 2,139.00	王晓红	东北	辽宁省大连市
4	博达书店	BTW-08568	2022年10月30日	¥ 2,116.80	张阳	华东	浙江省滨江区
5	博达书店	BTW-08475	2022年8月28日	¥ 2,082.50	王晓红	西南	贵州省贵阳市
6	博达书店	BTW-08203	2022年4月24日	¥ 2,073.60	张阳	西南	四川省成都市
7	博达书店	BTW-08215	2022年4月30日	¥ 2,002.50	张阳	华南	广东省广州市
8	博达书店	BTW-08218	2022年5月1日	¥ 1,990.00	王晓红	华北	河北省廊坊市
9	博达书店	BTW-08300	2022年6月9日	¥ 1,989.40	张阳	华北	北京市
10	博达书店	BTW-08188	2022年4月11日	¥ 1,975.50	王晓红	华东	浙江省杭州市

订单信息　单字段排序　多字段排序

（3）将"订单信息"工作表中所有书店 2022 年的销售记录复制到一个新工作表中，并将新工作表重命名为"自定义序列排序"。然后将主要关键字按照"收货区域"（华东、华南、华北、华中、东北、西北、西南）的顺序排序，次要关键字按照"收货省市"的笔画升序排序。

样例：

	A	B	C	D	E	F	G
1	书店名称	订单编号	订单日期	订单金额/元	销售员	收货区域	收货省市
2	博达书店	BTW-08004	2022年1月4日	¥ 1,685.10	王晓红	华东	上海市
3	博达书店	BTW-08006	2022年1月5日	¥ 823.20	张阳	华东	上海市
4	鼎盛轩书店	BTW-08030	2022年1月16日	¥ 588.80	陈涛	华东	上海市
5	鼎盛轩书店	BTW-08054	2022年1月30日	¥ 552.00	陈涛	华东	上海市
6	鼎盛轩书店	BTW-08056	2022年1月31日	¥ 1,166.40	宋晓松	华东	上海市
7	启航书店	BTW-08063	2022年2月1日	¥ 1,669.80	刘广志	华东	上海市
8	博达书店	BTW-08065	2022年2月2日	¥ 942.30	李大国	华东	上海市
9	鼎盛轩书店	BTW-08092	2022年2月19日	¥ 1,360.80	李明明	华东	上海市
10	博达书店	BTW-08112	2022年3月2日	¥ 1,742.50	张阳	华东	上海市

… 单字段排序　多字段排序　自定义序列排序

（4）将"订单信息"工作表中所有书店 2022 年的销售记录复制到一个新工作表中，并将新工作表重命名为"图书销售汇总"。然后进行多层次的分类汇总，先按照"书店名称"进行分类汇总，统计每个书店订单金额的平均值；接下来再统计出每个书店在各个收货区域的订单数量，并将博达书店在各个收货区域的订单数量用三维饼图表示。图表标题为"博达书店"，并显示订单数量。

样例：

多字段排序　自定义序列排序　图书销售汇总

实验三　筛选的应用

一、实验目的
（1）掌握自动筛选的方法。
（2）掌握高级筛选的使用方法。

二、实验内容
打开实验素材中的文件"实验 6-3.xlsx"，按下列要求完成操作。

（1）将"订单信息"工作表中所有书店 2022 年的销售记录复制到一个新工作表中，并将新工作表重命名为"自动筛选"。然后利用自动筛选功能，筛选出博达书店和启航书店订单金额为 2000.00 元~2100.00 元的所有销售订单。

样例：

（2）将"订单信息"工作表中所有书店 2022 年的销售记录复制到一个新工作表中，并将新工作表重命名为"高级筛选 1"。然后利用高级筛选功能，筛选出华南地区订单金额在 2000.00 元（含 2000.00 元）以上或者启航书店订单金额在 2100.00 元（含 2100.00 元）以上的订单信息。

样例：

（3）将"订单信息"工作表中所有书店 2022 年的销售记录复制到一个新工作表中，并将新工作表重命名为"高级筛选 2"。然后利用高级筛选功能，筛选出订单金额为 2000.00 元~2300.00 元，并且销售员姓名中有汉字"晓"的订单信息。

样例：

习　题

一、单项选择题

1. 利用 Excel 的数据验证功能不能实现的是_____。
   - A. 制作下拉列表
   - B. 指定日期数据的取值范围
   - C. 防止输入不符合条件的数据
   - D. 保证录入数据的正确性

2. 在对 Excel 工作表中选定的数据区域进行排序时，下列选项中不正确的是_____。
   - A. 可以按关键字递增或递减排序
   - B. 可以按自定义系列关键字递增或递减排序
   - C. 可以指定本数据区域以外的字段作为排序关键字
   - D. 可以指定数据区域中的任意多个字段作为排序关键字

3. 对于 Excel 工作表中的汉字数据，_____。
   - A. 不可以排序
   - B. 只可按拼音字母排序
   - C. 只可按笔画排序
   - D. 既可按拼音字母，也可按笔画排序

4. 在 Excel 中，关于"筛选"的错误叙述是_____。
   - A. 自动筛选和高级筛选都可以将筛选结果放置到另外的区域中
   - B. 执行高级筛选前必须在另外的单元格区域中给出筛选条件
   - C. 每一次自动筛选的条件只能是一个，高级筛选的条件可以是多个
   - D. 如果筛选条件出现在多个字段中，并且条件间有"或"的关系，必须使用高级筛选

5. Excel 中取消工作表的自动筛选后_____。
   - A. 工作表的数据消失
   - B. 工作表恢复原样
   - C. 只剩下符合筛选条件的记录
   - D. 不能取消自动筛选

6. 在 Excel 高级筛选的条件区域中，如果几个条件在同一行中，表示这几个条件是_____关系。
   - A. 与
   - B. 或
   - C. 非
   - D. 异或

7. 在学生数据（字段有班级、姓名、性别、出生日期）的自动筛选状态下，首先在"班级"字段勾选了"财务 01"，然后在"性别"字段勾选了"女"，则筛选的结果是_____。
   - A. 财务 01 班的学生
   - B. 全部女学生
   - C. 财务 01 班的女学生
   - D. 财务 01 班的学生和全部女学生

8. 在 Excel 数据表的应用中，一次分类汇总可以按_____分类字段进行。
   - A. 1 个
   - B. 2 个
   - C. 3 个
   - D. 多个

9. 在 Excel 中，下面关于分类汇总的叙述错误的是_____。
   - A. 分类汇总前必须按分类关键字段排序
   - B. 可以进行多次分类汇总，而且每次汇总的关键字段可以不同
   - C. 分类汇总的结果可以删除
   - D. 分类汇总的方式只能是求和

10. 只复制工作表中分类汇总结果数据，不复制明细数据，以下正确的操作是_____。
    - A. 选中整个工作表，然后进行复制，在目的地粘贴
    - B. 选中整个数据区域，然后进行复制，在目的地粘贴
    - C. 隐藏明细数据，选中整个数据区域，在"定位条件"对话框中选择"可见单元格"，然后进行复制，在目的地粘贴
    - D. 隐藏明细数据，选中整个数据区域，然后进行复制，在目的地粘贴

二、判断题

1. 利用 Excel 中的数据验证功能可以限定单元格中输入数据的类型和范围。　　（　　）

2. 在 Excel 排序时，只能按标题行中的关键字进行排序，不能按标题列中的关键字进行排序。
　　　　　　　　　　　　　　　　　　　　　　　　　　　　　　　　　　　　（　　）

3. 在 Excel 中，可以按照汉字笔画进行排序。　　　　　　　　　　　　　　　（　　）

4. 在 Excel 中，可以通过筛选功能只显示包含指定内容的数据信息。　　　　　（　　）

5. 在 Excel 中，使用分类汇总之前，必须先按欲分类汇总的字段进行排序，使同一分类的记录集中在一起。　　　　　　　　　　　　　　　　　　　　　　　　　　　　　　（　　）

三、简答题

1. 在 Excel 中，筛选数据有哪两种方法？已知数据清单中字段有班级、姓名、性别、总成绩，如何分别使用两种方法筛选出"性别"为"男"且总成绩大于或等于 600 分的学生名单。写出主要操作步骤。

2. 在 Excel 数据清单中包含的字段有班级、姓名、性别、高等数学、英语、物理，请写出按"班级"分类汇总出各门课程平均分的主要操作步骤。

3. 请简述 Excel 中有什么方法可以保证用户输入一些有固定选项的数据的正确性且提高用户输入效率。

4. 请简述 Excel 中有哪些方法可以确定工作表中是否有重复的数据。

第7章
数据透视分析

数据透视表和数据透视图是数据统计分析的有力工具。数据透视表是 Excel 提供的一种交互式报表，便于用户根据不同的分析目的汇总、分析、浏览数据，得到想要的分析结果，是一种动态数据分析工具。数据透视图则是将数据透视表中的数据图形化，便于用户比较、分析数据。本章主要介绍了数据透视表、数据透视图以及切片器等内容。

【学习目标】
- 掌握数据透视表的创建与设置方法。
- 掌握数据透视图的创建与设置方法。
- 掌握使用切片器实现数据筛选的方法。

7.1　数据透视表

当数据规模较大时，运用数据透视表可以方便地查看数据的不同汇总结果。Excel 要求创建数据透视表的数据区域必须没有空行或空列，而且每列都有列标题。

7.1.1　创建数据透视表

创建数据透视表的关键问题是设计数据透视表的字段布局，即确定数据区域中按哪些字段分页（筛选），哪些字段组成行，哪些字段组成列，对哪些字段进行汇总计算。具体操作步骤如下。

① 在工作表中选择数据区域中的任意一个单元格。

② 在"插入"选项卡的"表格"选项组中，单击"数据透视表"按钮，打开"创建数据透视表"对话框，如图 7-1 所示。

③ 在"创建数据透视表"对话框中，系统一般会自动选定整个数据区域作为数据透视表的数据源，如果要透视分析的数据区域与此有出入，则可以在"表/区域"文本框内进行修改。

④ 选择放置数据透视表的位置，有"新工作表"或"现有工作表"两种选择，系统默认选择放置到"新工作表"中。

- 如果选择"新工作表"，则系统会自动创建一个新的工作表，并将数据透视表放在该新工作表中。

- 如果选择"现有工作表"，则可以在"位置"文本框中指定放置数据透视表的单元格区域或第一个单元格位置。

⑤ 单击"确定"按钮，在新工作表中创建图 7-2 所示的数据透视表框架。

图 7-1

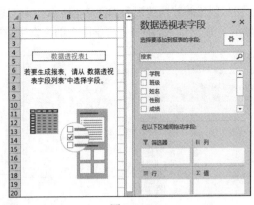

图 7-2

⑥ 使用数据透视表框架右侧的"数据透视表字段"窗格设置字段布局，如图 7-2 所示。数据透视表的字段布局包括四个区域，具体如下。

- 筛选器：用该区域中的字段来筛选数据，对应分页字段。
- 行：将该区域中的字段显示在左侧的行，对应行字段。
- 列：将该区域中的字段显示在顶部的列，对应列字段。
- 值：将该区域中的字段进行汇总计算，对应数据项。

分页字段、行字段、列字段完成的是类和子类的划分；数据项完成的是汇总计算，可以是求和、计数、平均值、最大值、最小值等。在字段名称上单击鼠标右键，可根据需要选择"添加到报表筛选""添加到列标签""添加到行标签"或"添加到值"选项；或者用鼠标直接将字段逐个拖曳到相应布局区域中，数据透视表中将立即显示汇总计算的结果。

【例 7-1】对"高等数学成绩单"工作表中的成绩数据（字段有学院、班级、姓名、性别、成绩、评定等级）进行数据透视分析，按学院分页查看各个班级男女生成绩的平均值。工作表的部分数据如图 7-3 所示。

	A	B	C	D	E	F
1	学院	班级	姓名	性别	成绩	评定等级
2	数理学院	物理01	曹蛟	男	49	不及格
3	计算机学院	计算02	陈聪	男	85	良好
4	计算机学院	计算02	陈仁庆	男	57	不及格
5	经济与管理学院	财务01	陈涛	男	88	良好
6	计算机学院	计算01	陈涛	男	85	良好
7	经济与管理学院	财务03	陈祥	男	82	良好
8	计算机学院	计算02	程景序	男	96	优秀
9	数理学院	物理01	丛莹	女	70	中等
10	计算机学院	计算02	崔广胜	男	88	良好
11	数理学院	物理01	方英儒	男	84	良好

图 7-3

视频 7-1 例 7-1

① 在"高等数学成绩单"工作表中选择数据区域中的任意一个单元格。

② 在"插入"选项卡的"表格"选项组中，单击"数据透视表"按钮，打开"创建数据透视表"对话框。

③ 在"创建数据透视表"对话框中，默认选定整个数据区域作为数据透视表的数据源，不用修改。

④ 选择将数据透视表放置到新工作表中。

⑤ 单击"确定"按钮，在新工作表中创建数据透视表框架。

⑥ 将"学院"添加到"筛选器"，"班级"添加到"行"，"性别"添加到"列"，"成绩"添加到

"值"。初步创建的数据透视表如图 7-4 所示。可以通过学院右侧 B1 单元格中的筛选按钮实现按学院分页显示，筛选出"经济与管理学院"的男女生总成绩情况如图 7-5 所示。

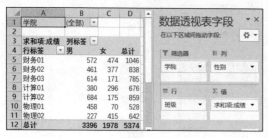

图 7-4

图 7-5

默认情况下，数据透视表对数值型字段总是进行"求和"运算，而对非数值型字段进行"计数"运算，因此默认生成的数据透视表对"成绩"进行了求和，还需要进一步编辑、修改。

7.1.2　编辑数据透视表

创建完数据透视表后，用户可以进行更改汇总方式、在字段布局中添加或删除字段、删除行总计或列总计、改变数值显示方式等操作。

1. 更改汇总方式

默认情况下，数据透视表对数值型字段总是进行"求和"运算，而对非数值型字段进行"计数"运算，而实际应用中会用到其他运算，如平均值、最大值、最小值等。改变数据透视表汇总方式的具体操作步骤如下。

① 在"数据透视表字段"窗格中单击"值"区域中的字段，在弹出的快捷菜单中选择"值字段设置"选项，打开"值字段设置"对话框，如图 7-6 所示。

② 在"值字段设置"对话框中，选择"值汇总方式"选项卡。这里，将"成绩"的汇总方式改为"平均值"，单击"确定"按钮。数据透视表按"成绩"的"平均值"汇总后的结果如图 7-7 所示（保留 2 位小数）。

图 7-6

图 7-7

2. 在字段布局中添加或删除字段

数据透视表中的数据是只读的，系统不允许直接在数据透视表中添加或删除数据，只能根据需要在字段布局中添加或删除字段。

（1）在字段布局中添加字段。要添加字段，用户可以在"数据透视表字段"窗格中执行下列操作之一。

● 在要添加的字段名称单击鼠标右键，可根据需要选择"添加到报表筛选""添加到列标签"

"添加到行标签"或"添加到值"选项。

- 用鼠标将字段逐个拖曳到相应的布局区域中。
- 勾选要添加字段名称前的复选框，字段将自动被放置到默认的布局区域中，非数值型字段默认被添加到"行"区域，数值型字段默认被添加到"值"区域。

（2）在字段布局中删除字段。要删除字段，用户可以在"数据透视表字段"窗格中执行下列操作之一。

- 取消勾选字段列表中需要删除字段前的复选框。
- 在四个布局区域中，将要删除的字段拖曳到"数据透视表字段"窗格之外。
- 在四个布局区域中，单击字段名称，然后选择"删除字段"选项。

例如，在图 7-7 所示的数据透视表的基础上，将筛选器中的"学院"以及"行"中的"班级"删除，然后将"学院"添加到"行"，结果如图 7-8 所示。

3. 删除行总计或列总计

当不需要显示行总计或列总计的信息时，可以执行下列操作之一。

- 在数据透视表中的"总计"上单击鼠标右键，在弹出的快捷菜单中选择"删除总计"选项。
- 在数据透视表中的任意一个单元格上单击鼠标右键，在弹出的快捷菜单中选择"数据透视表选项"选项，打开"数据透视表选项"对话框，在对话框的"汇总和筛选"选项卡中，取消勾选"显示行总计"或"显示列总计"复选框，如图 7-9 所示。

图 7-8

图 7-9

4. 改变数值显示方式

默认情况下，数据透视表都是按照普通方式，即"无计算"方式显示数据项的，为了更清晰地分析数据间的相关性，可以指定数据透视表以特殊的方式，如以"差异""百分比""差异百分比"等方式显示数据。例如，对图 7-7 所示的数据透视表，需要以财务 01 班的平均值为基准，分析其他班级平均值的差异情况，可以使用"差异"方式显示数据项。具体操作步骤如下。

① 在"数据透视表字段"窗格中单击"值"区域中的字段，在弹出的菜单中选择"值字段设置"，打开"值字段设置"对话框。

② 在"值字段设置"对话框中，选择"值显示方式"选项卡，如图 7-10 所示。将值显示方式设置为"差异"，然后指定差异的基准比较对象。这里选择"基本字段"为"班级"，"基本项"为"财务 01"。

③ 单击"确定"按钮，以"财务 01"班为基准按"差异"显示的数据透视表如图 7-11 所示，表中显示数据为其他班级成绩平均值与财务 01 班成绩平均值的差额。

通过图 7-7 可知，财务 01 班的成绩平均值：男生为 71.50，女生为 79.00，总计为 74.71；财务 02 班的成绩平均值：男生为 76.83，女生为 75.40，总计为 76.18；财务 02 班成绩平均值与财务 01 班成绩平均值的差额：男生为 5.33，女生为-3.60，总计为 1.47。

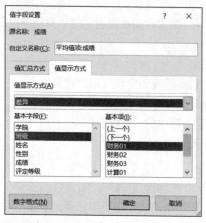

图 7-10

图 7-11

5. 显示明细数据

在默认情况下，数据透视表中显示的是经过分类汇总后的汇总数据。如果用户需要了解其中某个汇总项的具体数据，则可以让数据透视表显示该汇总项对应的明细数据。要显示明细数据，可以执行下列操作之一。

- 在数据透视表中的要查看明细数据的单元格上单击鼠标右键，在弹出的快捷菜单中选择"显示详细信息"选项，系统会自动创建一个新工作表，显示该汇总项的明细数据。
- 在数据透视表中的要查看明细数据的单元格上双击鼠标左键，系统会自动创建一个新工作表，显示该汇总项的明细数据。

例如，在图 7-11 所示的"计算 01"班男生的成绩平均值汇总单元格（即单元格 B8）上双击鼠标左键可以查看明细数据，如图 7-12 所示。

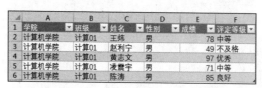

图 7-12

6. 数据透视表的清除和删除

清除数据透视表是指删除所有"筛选器""行""列""值"的设置，但是数据透视表并没有被删除，只是需要重新设计字段布局。具体操作步骤如下。

① 选择数据透视表中的任意一个单元格。

② 在数据透视表工具"分析"选项卡"操作"选项组中，单击"清除"按钮，然后选择"全部清除"选项。

删除不再使用的数据透视表，具体操作步骤如下。

① 选择数据透视表中的任意一个单元格。

② 在数据透视表工具"分析"选项卡"操作"选项组中，单击"选择"按钮，然后选择"整个数据透视表"选项。

③ 按【Delete】键删除。

7.1.3　更新数据透视表

如果更改了用来创建数据透视表的数据，即用于分析的数据发生了变化，则数据透视表中的汇总数据不会同步更新。这时，用户可以通过刷新来更新数据透视表，使数据透视表重新对数据区域进行汇总计算。具体操作步骤如下。

① 选择数据透视表中的任意一个单元格。

② 在数据透视表工具"分析"选项卡"数据"选项组中，单击"刷新"按钮，然后选择"刷新"或"全部刷新"选项来重新汇总数据。

7.1.4　筛选数据透视表

通过筛选可以实现在数据透视表中查看想要显示的数据，并隐藏不想显示的数据。在数据透视表中，可以按标签筛选、按值筛选或者按选定内容筛选。

1. 按标签筛选

在数据透视表中，单击列标签或行标签右侧的下拉箭头，在筛选下拉列表中选择"标签筛选"，然后根据实际需要设置筛选条件即可，筛选条件可以是"等于""不等于""开头是"…"不介于"等，如图 7-13 所示。

2. 按值筛选

在数据透视表中，单击列标签或行标签右侧的下拉箭头，在筛选下拉列表中选择"值筛选"，然后根据实际需要设置筛选条件即可，筛选条件可以是"等于""不等于""大于"…"前 10 项"等，如图 7-14 所示。

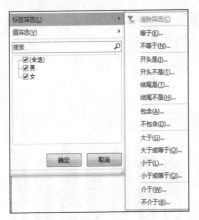

图 7-13

图 7-14

3. 按选定内容筛选

在数据透视表中，在相应行或列的内容上单击鼠标右键，在弹出的快捷菜单中选择"筛选"，然后选择"仅保留所选项目"或"隐藏所选项目"选项。

4. 删除筛选

要删除数据透视表中的所有筛选，显示所有汇总数据，具体操作步骤如下。

① 选择数据透视表中的任意一个单元格。

② 在数据透视表工具"分析"选项卡"操作"选项组中，单击"清除"按钮，然后选择"清除筛选"选项。

7.2　数据透视图

图表是展示数据最直观、有效的手段。数据透视图通常有一个与之相关联的数据透视表，数据透视图是以图形的形式表示数据透视表中的数据。

创建数据透视图有两种方法：通过数据透视表创建和通过数据区域创建。

7.2.1　通过数据透视表创建数据透视图

如果已经创建了数据透视表，则用户可以利用数据透视表直接创建数据透视图，具体操作步骤如下。

① 选择数据透视表中的任意一个单元格。

② 在"插入"选项卡"图表"选项组中，单击"数据透视图"按钮，选择"数据透视图"选项，打开"插入图表"对话框。

③ 在"插入图表"对话框中根据实际需要选择一种图表类型，单击"确定"按钮即可得到数据透视图，该数据透视图的字段布局（即数据透视图字段的位置）由数据透视表的字段布局决定。

视频 7-2　例 7-2

【例7-2】在图7-7所示的创建数据透视表基础上，创建相应的数据透视图（三维簇状柱形图），按"学院"分页查看各个班级男女生成绩的平均值情况。

① 选择数据透视表中的任意一个单元格。

② 在"插入"选项卡的"图表"选项组中，单击"数据透视图"按钮，选择"数据透视图"选项，打开"插入图表"对话框。

③ 在"插入图表"对话框中选择"三维簇状柱形图"，如图7-15所示。

④ 单击"确定"按钮即可得到数据透视图，如图7-16所示。

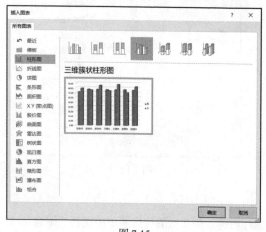

图 7-15

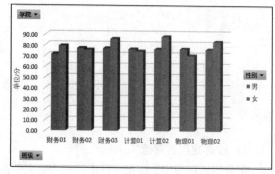

图 7-16

7.2.2　通过数据区域创建数据透视图

Excel 要求用来创建数据透视图的数据区域必须没有空行和空列，而且每列都有列标题。通过数据区域创建数据透视图的具体操作步骤如下。

① 在工作表中选择数据区域中的任意一个单元格。

② 在"插入"选项卡的"图表"选项组中，单击"数据透视图"按钮，选择"数据透视图"或"数据透视图和数据透视表"选项，打开"创建数据透视图"对话框。

③ 在"创建数据透视图"对话框中，一般系统会自动选定整个数据区域作为数据透视图的数据源，如果要透视分析的数据区域与此有出入，则可以在"表/区域"文本框内进行修改。

④ 选择放置数据透视图的位置，有新工作表或现有工作表两种选择，默认选择放置到"新工作表"中。

- 如果选择"新工作表"，则系统会自动创建一个新的工作表，并将数据透视图放在该新工作表中。

- 如果选择"现有工作表"，则可以在"位置"文本框中指定与该数据透视图相关联的数据透视表的单元格区域或第一个单元格的位置。

⑤ 单击"确定"按钮，在新工作表中立即插入了一个数据透视图和相关联的数据透视表，并出现"数据透视图字段"窗格，如图 7-17 所示。

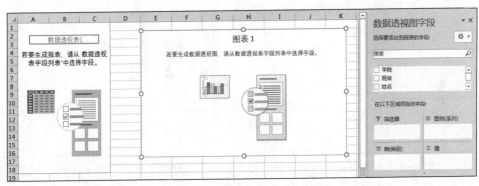

图 7-17

⑥ 使用"数据透视图字段"窗格来设置字段布局。数据透视图的字段布局包括四个区域，具体如下。

- 筛选器：用该区域中的字段来筛选数据，对应分页字段。
- 轴（类别）：将该区域中的字段作为横坐标，对应数据透视表的"行"。
- 图例（系列）：将该区域中的字段作为纵坐标，对应数据透视表的"列"。
- 值：将该区域中的字段进行汇总计算并在图中显示，对应数据透视表的"值"。

用户可根据需要直接将字段逐个拖曳到相应区域中，数据透视图中将立即显示结果。

【例 7-3】对"高等数学成绩单"工作表中的"成绩"数据（字段有学院、班级、姓名、性别、成绩、评定等级）创建数据透视图，按"学院"分页查看各个班级男女生人数。

视频 7-3　例 7-3

① 在"高等数学成绩单"工作表中选择数据区域的任意一个单元格。

② 在"插入"选项卡的"图表"选项组中，单击"数据透视图"按钮，选择"数据透视图"选项，打开"创建数据透视图"对话框。

③ 在"创建数据透视图"对话框中，默认选定整个数据区域作为数据透视图的数据源，不用修改。

④ 选定将数据透视图放置到新工作表中。

⑤ 单击"确定"按钮，在新工作表中立即插入了一个数据透视图，并出现"数据透视图字段"窗格。

⑥ 将"学院"添加到"筛选器"，"班级"添加到"轴（类别）"，"性别"添加到"图例（系列）"，"姓名"添加到"值"。初步创建的数据透视图和相关联的数据透视表如图 7-18 所示。

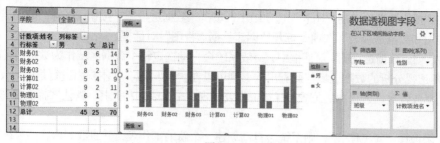

图 7-18

⑦ 通过"学院"右侧的筛选按钮实现按"学院"分页显示，筛选出"经济与管理学院"各个班级人数情况后的数据透视图和相关联的数据透视表如图 7-19 所示。

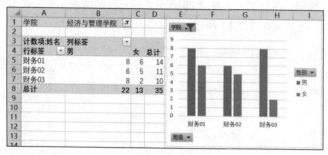

图 7-19

 默认情况下数据透视图对非数值型字段进行"计数"运算，实际上对"计数"运算而言，可以使用任意一个字段进行。

7.2.3　删除数据透视图

用户需要及时删除不再使用的数据透视图，具体操作步骤是，选中该数据透视图，按【Delete】键删除。

7.2.4　设置数据透视图

在 Excel 中创建数据透视图后，选中该数据透视图，功能区将出现"分析""设计""格式"三个关联选项卡。用户可以像处理普通 Excel 图表一样处理数据透视图，包括改变图表类型、设置图表格式等，而且如果在数据透视图中改变了字段布局，则与之相关联的数据透视表也会同时发生改变。

和普通图表相比，数据透视图存在部分限制，包括不能使用 XY（散点图）、股价图和气泡图等图表类型，也无法直接调整数据标签、图表标题和坐标轴标题等。

【例 7-4】利用切片器筛选功能，实现对在图 7-18 中创建的数据透视图按"学院"分页查看各个班级男女生人数。

视频 7-4　例 7-4

① 选中该数据透视图。

② 在数据透视图工具"分析"选项卡的"筛选"选项组中，单击"插入切片器"按钮，打开"插入切片器"对话框。

③ 在"插入切片器"对话框中，勾选"学院"字段，如图 7-20 所示。

④ 单击"确定"按钮，在工作表中插入了一个切片器，可以直观地查看"学院"字段的所有数

据项信息，单击某个学院，即可实现按该数据项的筛选功能。图 7-21 所示为单击"数理学院"后的筛选结果。

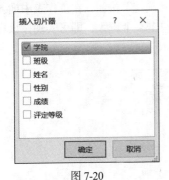

图 7-20

图 7-21

提示　可以把切片器看作数据透视表或数据透视图的一种筛选方式，数据透视表中的每一个字段都可以创建一个切片器，通过选择切片器中的数据项实现筛选，比使用下拉列表方式的筛选更加直观。

7.3　应用实例——学生成绩数据透视分析

在"高等数学成绩单"工作表中，创建按"学院"分页统计各班级中各个评定等级（优秀、良好、中等、及格、不及格）学生人数的数据透视图（三维簇状柱形图），并插入切片器实现按班级筛选查看。

① 在"高等数学成绩单"工作表中选择数据区域中的任意一个单元格。

② 在"插入"选项卡的"图表"选项组中，单击"数据透视图"按钮，选择"数据透视图"选项，打开"创建数据透视图"对话框。

③ 在"创建数据透视图"对话框中，默认选定整个数据区域作为数据透视图的数据源，不用修改。

④ 选定将数据透视图放置到新工作表中。

⑤ 单击"确定"按钮，在工作表中立即插入了一个数据透视图和相关联的数据透视表，并出现"数据透视图字段"窗格。

⑥ 将"学院"添加到"筛选器"，"班级"添加到"轴（类别）"，"评定等级"添加到"图例（系列）"，"姓名"添加到"值"。

⑦ 在数据透视图上单击鼠标右键，在弹出的快捷菜单中选择"更改图表类型"选项，将图表类型修改为"三维簇状柱形图"，创建的数据透视图和相关联的数据透视表如图 7-22 所示。

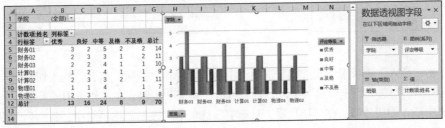

图 7-22

⑧ 选中该数据透视图，在数据透视图工具"分析"选项卡的"筛选"选项组中，单击"插入切片器"按钮，打开"插入切片器"对话框。

⑨ 在"插入切片器"对话框中，勾选"班级"字段，然后单击"确定"按钮，在工作表中插入了一个切片器，可以直观地查看"班级"字段的所有数据项信息，单击某个班级，即可实现按该班级筛选。图 7-23 所示是单击"财务 01"班后的筛选结果。

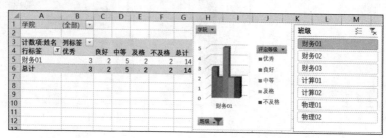

图 7-23

7.4 实用技巧——超级表中的切片器

除了数据透视表和数据透视图，在超级表中用户也可以使用切片器完成数据的筛选。超级表是 Excel 中的一个表格样式。例如，将"高等数学成绩单"工作表中的成绩数据（字段有学院、班级、姓名、性别、成绩、评定等级）转换为超级表，并插入切片器实现按"评定等级"筛选查看。具体操作过程如下。

① 在"高等数学成绩单"工作表中选择数据区域中的任意一个单元格。

② 按下【Ctrl+T】组合键，弹出"创建表"对话框，默认表数据的来源为整个数据区域，如图 7-24 所示。

③ 单击"确定"按钮，超级表转换完成。转换结果如图 7-25 所示，由图 7-25 可以看出，超级表不仅美化了表格，还自带筛选功能。

 单击"开始"选项卡"样式"选项组中的"套用表格格式"按钮，在下拉列表中任意选择一种格式，同样可以将一个表格转换为超级表。

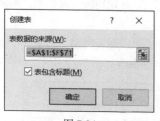

图 7-24

图 7-25

④ 单击"插入"选项卡"筛选器"选项组中的"切片器"按钮，打开"插入切片器"对话框，如图 7-26 所示。勾选"评定等级"字段，然后单击"确定"按钮，在工作表中插入了一个切片器。

⑤ 选中插入的切片器，在"切片器工具选项"选项卡"按钮"选项组中，将"列"设置为 5，即在同一行显示所有评定等级的 5 个数据项信息。

⑥ 在表头之前插入一行，并适当调整行高使其能够放下整个切片器。图 7-27 所示是单击"优秀"后的筛选结果。

图 7-26

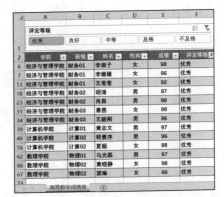

图 7-27

　　如果不想使用超级表，用户则可以单击表格工具"设计"选项卡"工具"选项组中的"转换为区域"按钮，将超级表转换为普通表，此时切片器也会自动消失。

课堂实验

实验一　数据透视表和数据透视图的创建

一、实验目的

（1）掌握数据透视表的创建方法。

（2）掌握数据透视图的创建方法。

（3）掌握切片器筛选的创建方法。

二、实验内容

打开实验素材中的文件"实验 7-1.xlsx"，在 Sheet1 工作表中，按下列要求完成操作。

（1）以单元格区域 A1:D19 为数据源，在 F1 单元格开始的区域创建一个数据透视表，统计各个季度各种商品的生产数量之和。

样例：

	A	B	C	D	E	F	G	H	I
1	商品	部门	季度	生产数量		求和项:生产数量	列标签		
2	篮球	一车间	第1季度	1000		行标签	第1季度	第2季度	总计
3	篮球	二车间	第1季度	1200		篮球	3000	3150	6150
4	篮球	三车间	第1季度	800		排球	1250	1430	2680
5	排球	一车间	第1季度	300		足球	1320	1440	2760
6	排球	二车间	第1季度	350		总计	5570	6020	11590
7	排球	三车间	第1季度	600					
8	足球	一车间	第1季度	400					
9	足球	二车间	第1季度	380					
10	足球	三车间	第1季度	540					
11	篮球	一车间	第2季度	1200					
12	篮球	二车间	第2季度	1100					
13	篮球	三车间	第2季度	850					
14	排球	一车间	第2季度	360					
15	排球	二车间	第2季度	380					
16	排球	三车间	第2季度	690					
17	足球	一车间	第2季度	420					
18	足球	二车间	第2季度	470					
19	足球	三车间	第2季度	550					

（2）以单元格区域 A1:D19 为数据源，创建一个数据透视表，并保存在一张新工作表中，以"商品"作为分页字段，"部门"为行字段、"季度"为列字段，统计各个部门的平均生产数量（小数位数为 0），要求不显示行总计，按一车间、二车间、三车间的顺序排序，并将新工作表命名为"平均产量"。

样例：

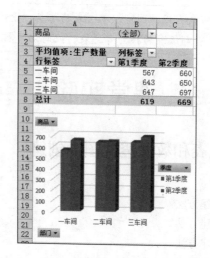

（3）基于"平均产量"工作表中的数据透视表数据，创建一个三维簇状柱形图，并保存在该工作表中。

样例：

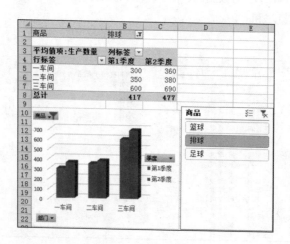

（4）在"平均产量"工作表中插入一个切片器，实现对三维簇状柱形图按"商品"筛选查看，并筛选查看排球的生产数量情况。

样例：

实验二　数据透视表的应用

一、实验目的

（1）掌握数据透视表的创建方法。

（2）掌握数据透视表的设置方法。

二、实验内容

打开实验素材中的文件"实验 7-2.xlsx"，按下列要求完成操作。

（1）将整个"订单信息"作为数据源，建立数据透视表，并保存在名为"订单金额分析"的新工作表中。要求以"收货区域"为分页字段，"收货省市"为行字段，"书店名称"为列字段建立数据透视表，统计不同地区各个省市各个书店的订单金额总计（保留 2 位小数），并查看华北地区的订单金额总计情况。

样例：

	A	B	C	D	E
1	收货区域	华北			
2					
3	求和项:订单金额	列标签			
4	行标签	博达书店	鼎盛轩书店	启航书店	总计
5	北京市	39863.10	57852.30	25033.70	122749.10
6	河北省保定市	1191.40	2860.00	907.50	4958.90
7	河北省廊坊市	3313.00	2745.90	579.00	6637.90
8	山西省大同市	3163.50	7001.00	3666.40	13830.90
9	天津市	1588.60	15300.10	3179.70	20068.40
10	总计	49119.60	85759.30	33366.30	168245.20

（2）将整个"订单信息"作为数据源，建立数据透视表，并保存在名为"订单数量分析"的工作表中。要求以"收货区域"为行字段，"书店名称"为列字段建立数据透视表，统计不同地区各个书店的订单数量，要求不显示列总计，并按照"订单数量"行总计的降序显示。

样例：

	A	B	C	D	E
1					
2					
3	计数项:订单编号	列标签			
4	行标签	博达书店	鼎盛轩书店	启航书店	总计
5	华东	69	90	71	230
6	华北	42	71	39	152
7	华南	34	40	23	97
8	西南	16	37	25	78
9	东北	12	14	10	36
10	华中	4	13	9	26
11	西北	2	5	4	11

（3）在"订单数量分析"工作表中。插入"书店名称"和"销售员"两个切片器，每个切片器均一行显示三列数据，并查看"博达书店""张阳"的订单数量情况。要求销售员切片器设置为"隐藏没有数据的项"。

样例：

（4）将整个"订单信息"作为数据源，建立数据透视表，并保存在名为"季度分析"的新工作表中。要求以"书店名称"为分页字段，"订单日期"为行字段，"销售员"为列字段建立数据透视表，统计每个销售员每个季度每月的订单金额总计（保留2位小数），并查看博达书店前两个季度每月的订单金额情况。

样例：

	A	B	C	D	E
1	书店名称	博达书店			
2					
3	求和项:订单金额	列标签			
4	行标签	李大国	王晓红	张阳	总计
5	⊟第一季				
6	1月	1452.00	10064.00	5649.00	17165.00
7	2月	3198.90	7110.60	3180.20	13489.70
8	3月	1232.50	4469.70	3206.40	8908.60
9	⊟第二季				
10	4月	4780.30	7936.90	7543.00	20260.20
11	5月	1380.40	9157.10	3089.60	13627.10
12	6月	5991.10	15667.90	10702.50	32361.50
13	⊞第三季	11641.70	33965.40	20503.40	66110.50
14	⊞第四季	8755.80	13883.00	7303.50	29942.30
15	总计	38432.70	102254.60	61177.60	201864.90

在数据透视表中默认显示的是月份。要显示季度，在数据透视表中任意一个月份上单击鼠标右键，在弹出的快捷菜单中选择"创建组"选项，打开"组合"对话框，步长同时选择"月"和"季度"即可。

实验三 数据透视图的应用

一、实验目的

（1）掌握数据透视图的创建方法。
（2）掌握数据透视图的设置方法。

二、实验内容

打开实验素材中的文件"实验7-3.xlsx"，按下列要求完成操作。

（1）将整个"订单信息"作为数据源，建立数据透视表，并保存在名为"订单分析"的工作表中。要求以"书店名称"为分页字段，"收货区域"为行字段，"销售员"为列字段建立数据透视表，统计各个书店不同区域各个销售员的订单数量，然后用簇状柱形图显示，并查看博达书店的订单数量情况。

样例：

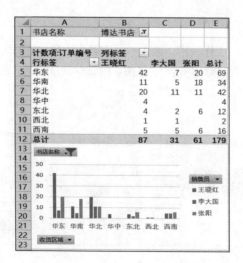

（2）将整个"订单信息"作为数据源，建立数据透视表，并保存在前面创建的"订单分析"工作表 G1 单元格开始的区域中。要求以"书店名称"为分页字段，"收货区域"为行字段，"销售员"为列字段建立数据透视表，统计不同区域各个销售员的订单金额总计（保留 2 位小数），然后用簇状柱形图显示，并查看博达书店的订单金额情况。

样例：

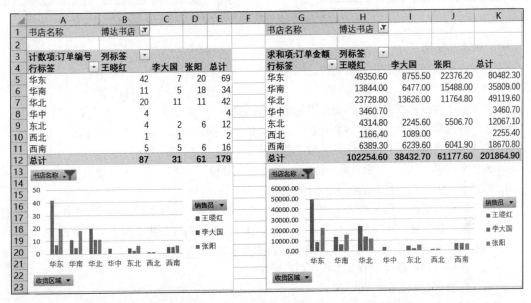

（3）在"订单分析"工作表中插入一个切片器同时控制两个数据透视表，调整适当大小放置在第 2 行中，实现按"书店名称"筛选查看订单数量及订单金额总计情况，并筛选查看鼎盛轩书店的订单情况。

样例：

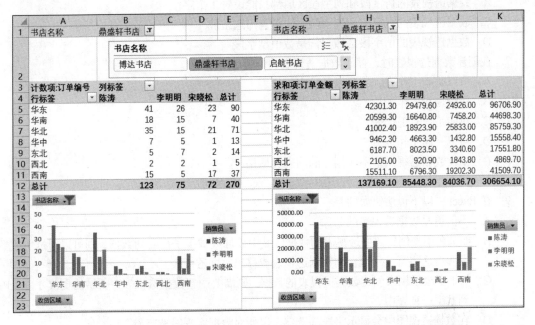

切片器默认只能控制一个数据透视表。如果要同时控制多个数据透视表，则在切片器上单击鼠标右键，在弹出的快捷菜单中选择"报表连接"选项，然后选中需要控制的多个数据透视表即可。

习 题

一、单项选择题

1. 在 Excel 数据透视表中不能进行的操作是_____。
   A. 编辑　　　　　　　B. 筛选　　　　　　　C. 刷新　　　　　　　D. 排序

2. 在 Excel 数据透视表中，不能设置筛选条件的是_____。
   A. 筛选器字段　　　　B. 列字段　　　　　　C. 行字段　　　　　　D. 值字段

3. 在 Excel 数据透视表中默认的字段汇总方式是_____。
   A. 平均值　　　　　　B. 最小值　　　　　　C. 求和　　　　　　　D. 最大值

4. 在 Excel 中，创建数据透视表的目的在于_____。
   A. 制作包含图表的工作表　　　　　　　B. 制作工作表的备份
   C. 制作包含数据清单的工作表　　　　　D. 从不同角度分析工作表中的数据

5. 在创建数据透视表时，对所使用的数据表的要求是_____。
   A. 在同一列中既可以有文本也可以有数字
   B. 在数据表中无空行和空列
   C. 可以没有列标题
   D. 在数据表中可以有空行，但不能有空列

6. 在下列关于 Excel 数据透视表的叙述中，正确的是_____。
   A. 数据透视表的筛选器对应的是分页字段
   B. 数据透视表的行字段和列字段区域都只能设置 1 个字段
   C. 数据透视表的行字段和列字段无法设置筛选条件
   D. 数据透视表的值字段区域只能是数值型字段

7. 在创建数据透视表时，存放数据透视表的位置_____。
   A. 可以是新工作表，也可以是现有工作表
   B. 只能是新工作表
   C. 只能是现有工作表
   D. 可以是新工作簿

8. 在 Excel 数据透视图中不能创建的图表类型是_____。
   A. 饼图　　　　　　　B. 气泡图　　　　　　C. 雷达图　　　　　　D. 曲面图

9. 在 Excel 中以下说法错误的是_____。
   A. 不能更改数据透视表的名称
   B. 如果在用来创建数据透视表的数据区域中添加或减少了行或列数据，则可以通过更改数据源将这些行、列包含到数据透视表或移出数据透视表
   C. 如果更改了用来创建数据透视表的数据，则需要刷新数据透视表，所做的更改才能反映到数据透视表中
   D. 在数据透视图中会显示字段筛选器，以便对数据实现筛选查看

10. 在下列关于 Excel 数据透视表中切片器的叙述中，正确的是_____。

    A. 只能有一个切片器

    B. 切片器中所指定的字段只能是数据透视表中使用的字段

    C. 可以有多个切片器，但只能指定相连的多个字段

    D. 可以有多个切片器，但一个切片器只能指定一个字段

二、判断题

1. 在 Excel 中，数据透视表可用于对数据表进行数据的汇总与分析。　　　　（　　）

2. 在 Excel 中，修改数据透视表的数据源后，数据透视表的内容也会随之自动更新。

    （　　）

3. 在 Excel 中，为数据透视图提供数据源的是相关联的数据透视表。　　（　　）

4. 在 Excel 中，在相关联的数据透视表中对字段布局和数据所做的修改，会立即反映在数据透视图中。　　　　（　　）

5. 在 Excel 中，数据透视图及其相关联的数据透视表可以不在同一个工作簿中。　（　　）

三、简答题

1. 数据透视表可以完成的计算有哪些？

2. 如何查看数据透视表中的明细数据？如何更新数据透视表？

3. 在 Excel 数据清单中包含的字段有班级、姓名、性别、高等数学、英语、物理，要创建一个数据透视图，直观地查看各个班级男女生的英语成绩平均值，请写出主要操作步骤。

第8章 宏

Excel 宏指的是一系列可以在 Excel 环境中执行的操作指令。这些操作指令实际上就是 VBA（Visual Basic for Application）代码。用户可以通过录制宏或手动编写 VBA 代码的方式来创建宏，从而实现一些重复操作的自动化。本章只介绍了录制宏的方式，因为在录制宏时，Excel 会自动产生与操作相对应的 VBA 代码，并且可以调用所录制的宏来完成相应任务，从而提高数据处理的效率和准确性。

【学习目标】
- 掌握录制宏和执行宏的方法。
- 掌握创建宏按钮的方法。

8.1　录制宏

录制宏就是将所有在 Excel 中的操作过程用 VBA 代码记录下来。具体的操作可以是在单元格中输入数据，单击功能区中的相关选项，设置单元格格式等。

【例 8-1】录制宏并命名为"设置单元格字体和背景色"，实现将某个单元格的字体设置为楷体，背景色为蓝色。

① 创建一个新工作簿。

② 单击"开发工具"选项卡"代码"选项组中的"录制宏"按钮，打开"录制宏"对话框。

如果没有找到"开发工具"选项卡，单击"文件"选项卡中的"选项"按钮，在"Excel 选项"对话框左侧选择"自定义功能区"，右侧勾选"开发工具"项，单击"确定"按钮即可，如图 8-1 所示。

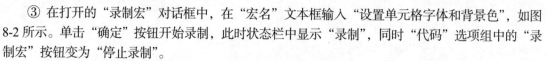

视频 8-1　例 8-1

③ 在打开的"录制宏"对话框中，在"宏名"文本框输入"设置单元格字体和背景色"，如图 8-2 所示。单击"确定"按钮开始录制，此时状态栏中显示"录制"，同时"代码"选项组中的"录制宏"按钮变为"停止录制"。

④ 在 A1 单元格中单击鼠标右键，在弹出的快捷菜单中选择"设置单元格格式"，打开"设置单元格格式"对话框，在"字体"选项卡中将字体设置为"楷体"，在"填充"选项卡中将背景色设置为"蓝色"，单击"确定"按钮。

⑤ 单击"开发工具"选项卡"代码"选项组中的"停止录制"按钮，结束宏录制。

录制宏说明如下。

- 在图 8-2 所示的"录制宏"对话框中，默认是将宏保存在当前工作簿中。如果用户想让该宏在其他工作簿中仍然有效，则必须正确地选择宏的保存位置。宏可保存在以下三个位置。

位置一：当前工作簿。该宏只能在当前工作簿中使用。

位置二：新工作簿。新建一个工作簿来保存该宏。

位置三：个人宏工作簿。该宏在多个工作簿中都能使用。

图 8-1

- 个人宏工作簿是为宏而设计的一种特殊的具有自动隐藏特性的工作簿。第一次将宏保存到个人宏工作簿时，系统会自动创建名为"PERSONAL.XLSB"的新文件。如果该文件存在，则每当 Excel 启动时会自动将该文件打开并隐藏在活动工作簿后面。在"视图"选项卡"窗口"选项组中选择"取消隐藏"按钮后可以很方便地发现它的存在。

- 在保存包含了宏的 Excel 文件时，系统会弹出图 8-3 所示的对话框提示。此时应该单击"否"按钮，然后保存时选择文件类型为"Excel 启用宏的工作簿"，其扩展名为.xlsm；否则，所有的宏代码都会丢失。

图 8-2

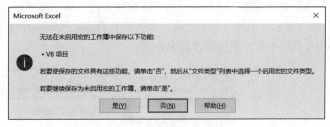

图 8-3

8.2　执行宏

录制完一个宏后就可以重复执行它了。下面以重复执行"设置单元格字体和背景色"宏为例，了解宏的执行过程。具体操作步骤如下。

① 在 Excel 工作表中任意选择一个单元格或单元格区域，如 A3 单元格。

② 单击"开发工具"选项卡"代码"选项组中的"宏"按钮，打开"宏"对话框，如图 8-4 所示。

视频 8-2　执行宏

图 8-4

③ 选择宏名"设置单元格字体和背景色"，单击"执行"按钮，则 A3 单元格的字体和颜色变得同 A1 单元格的一样。

用户可以尝试选择一个单元格区域，然后再执行该宏，这时所选中的单元格区域的字体和背景色也会变得同 A1 单元格的一样。

8.3　编辑宏

录制宏时，宏录制器几乎可以捕获用户进行的所有操作。因此如果操作过程中出现错误，例如，单击了一个本不打算单击的按钮，则宏录制器同样会录制该操作。解决方法是重新录制整个操作序列，或编辑 VBA 代码本身完成宏的修改。

编辑查看"设置单元格字体和背景色"宏代码的具体操作步骤如下。

① 单击"开发工具"选项卡"代码"选项组中的"宏"按钮，打开"宏"对话框。

② 选择宏名"设置单元格字体和背景色"，单击"编辑"按钮，打开 VBA 代码的编辑器窗口，并同时显示该宏的 VBA 代码，如图 8-5 所示。代码中详细列出了单元格字体和背景色的设置，在 VBA 代码中可以直接修改该宏。

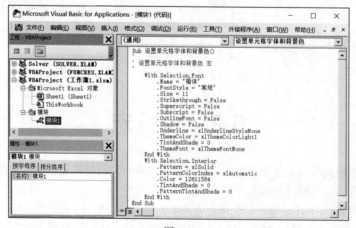

图 8-5

有关 VBA 代码的详细信息，请读者参考 VBA 相关的教材，在此不再进行阐述。

8.4　宏按钮

按钮是 Windows 中最常见的界面组成元素之一。将宏指定给某个按钮，这样可以很方便地直接通过单击该按钮来执行相应的宏。通过"开发工具"选项卡"控件"选项组中的"插入"按钮，可以在工作表中添加按钮控件。在创建完按钮后，可以给它指定宏，然后用户即可通过单击该按钮来执行该宏。

【例 8-2】在工作表中创建一个按钮，并为它指定"设置单元格字体和背景色"宏。然后通过单击该按钮来执行宏。具体操作步骤如下。

① 打开已经创建了"设置单元格字体和背景色"宏的工作簿。

② 单击"开发工具"选项卡"控件"选项组中的"插入"按钮，选择表单控件中的"按钮（窗体控件）"，此时鼠标指针变成十字形状。

视频 8-3　例 8-2

③ 在希望放置按钮的位置绘制一个按钮，同时自动弹出"指定宏"对话框。

④ 在"指定宏"对话框中选择"设置单元格字体和背景色"宏，如图 8-6 所示。单击"确定"按钮，这样就把该宏指定给了所绘制的按钮。

⑤ 在工作表中选中该按钮，将按钮上显示的标题"按钮 1"修改为"设置单元格字体和背景色"，如图 8-7 所示。

⑥ 任意选中某个单元格或单元格区域，单击该按钮即可执行该宏，此时可以看到单元格或单元格区域的格式发生变化。

图 8-6

图 8-7

8.5　应用实例——学生成绩数据查询宏

在处理学生成绩数据时经常会用到查询功能。例如，对"高等数学成绩单"工作表中的成绩数据（字段有学院、班级、姓名、性别、成绩、评定等级）制作一个查询界面，输入姓名即可查询出该学生的所有信息。这里可以将宏与高级筛选结合起来，不用编写任何代码就能够实现查询界面。

1. 创建数据查询界面

插入一个新工作表作为数据查询界面，设置对应的查询条件，如图 8-8 所示。

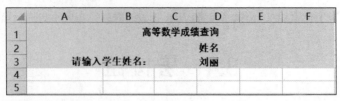

图 8-8

2. 录制数据查询宏

录制数据查询宏的目的是把通过高级筛选实现查询功能的整个过程录制并保存下来。

① 在数据查询界面所在工作表中任意选择一个空白的单元格，例如 A5 单元格。

② 单击"开发工具"选项卡"代码"选项组中的"录制宏"按钮，打开"录制宏"对话框。在"宏名"文本框输入"数据查询"，单击"确定"按钮，开始录制。

③ 在"数据"选项卡的"排序和筛选"选项组中单击"高级"筛选按钮，打开"高级筛选"对话框。

④ 如图 8-9 所示，在"高级筛选"对话框的"方式"中选择"将筛选结果复制到其他位置"；"列表区域"为"高等数学成绩单"工作表中的整个数据区域；"条件区域"为查询界面所在工作表的 D2:D3 单元格区域，即输入姓名的单元格区域；"复制到"查询界面所在工作表的单元格区域 A5:F6。单击"确定"按钮，完成高级筛选。

⑤ 单击"开发工具"选项卡"代码"选项组中的"停止录制"按钮，结束宏录制。

3. 添加查询按钮

① 单击"开发工具"选项卡"控件"选项组中的"插入"按钮，选择表单控件中的"按钮（窗体控件）"，此时鼠标指针变成十字形状。

② 在希望放置按钮的位置绘制一个按钮，同时自动弹出"指定宏"对话框。选择刚刚录制的"数据查询"宏，单击"确定"按钮。

③ 选中该按钮，将按钮上显示的标题修改为"查询"。

④ 此时在姓名下方任意输入学生的姓名，如果该学生存在，则单击该按钮即可看到该学生的高等数学成绩以及相关信息，如图 8-10 所示。

图 8-9

图 8-10

8.6 实用技巧——个人宏工作簿

每个人在使用 Excel 表格处理日常事务时，一般都会形成一套自己的处理流程，将这个处理流程以宏的方式记录并保存下来，当需要处理同样的事务时，直接执行该宏即可简化表格处理，提升效率。而且可以将该宏保存在个人宏工作簿中，使得本地 Excel 的其他工作簿也可以使用该宏。例如，将改变单元格字体为斜体和加下画线的宏保存到个人宏工作簿中，然后可以在本地其他工作簿中执行该宏。

1. 创建"字体斜体加下画线"宏

其具体操作步骤如下。

① 创建一个新工作簿。

② 单击"开发工具"选项卡"代码"选项组中的"录制宏"按钮，打开"录制宏"对话框。

③ 在"宏名"文本框输入"字体斜体加下画线"，并选择保存在"个人宏工作簿"中，如图 8-11 所示。单击"确定"按钮，开始录制。

④ 在"开始"选项卡"字体"选项组中分别单击"倾斜"和"下画线"。

⑤ 单击"开发工具"选项卡"代码"选项组中的"停止录制"按钮，结束宏录制。

在"视图"选项卡"窗口"选项组中选择"取消隐藏"后可以打开"PERSONAL.XLSB"个人宏工作簿查看，该工作簿中没有任何内容，但是在"宏"对话框中可以看到"字体斜体加下画线"宏。

2. 在本地其他工作簿中使用"字体斜体加下画线"宏

其具体操作步骤如下。

① 新建或打开一个工作簿。

② 单击"开发工具"选项卡"代码"选项组中的"宏"按钮，在打开的"宏"对话框中可以看到位置为"PERSONAL.XLSB"个人宏工作簿的"字体斜体加下画线"宏，如图 8-12 所示。

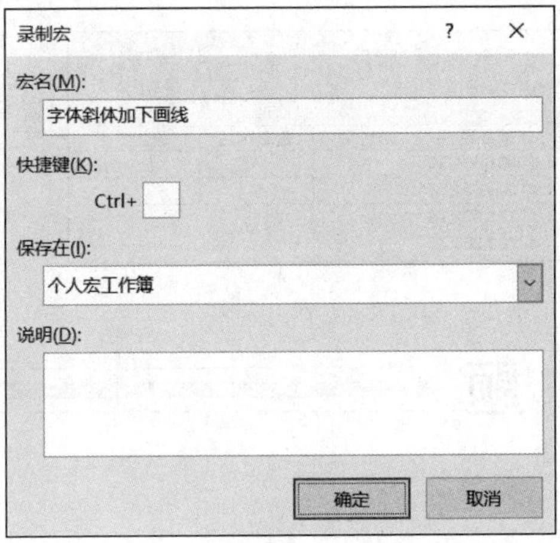

图 8-11

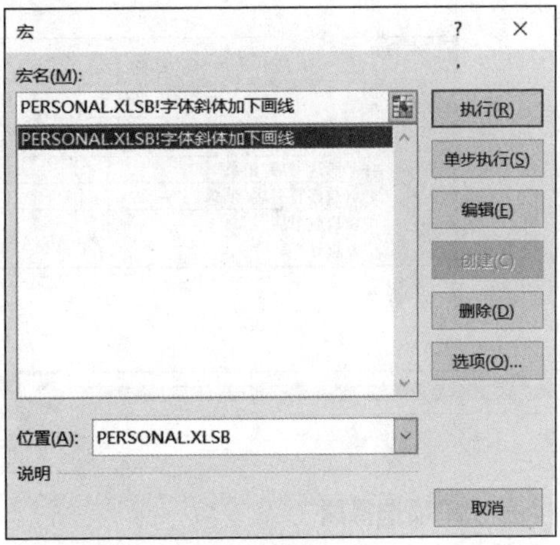

图 8-12

③ 选中需要设置格式的单元格或单元格区域，然后单击图 8-12 中"执行"按钮，执行"字体斜体加下画线"宏即可。

课堂实验

一、实验目的

（1）掌握录制宏和创建宏按钮的方法。

（2）了解录制宏所生成的 VBA 代码。

二、实验内容

打开实验素材中的文件"实验 8.xlsx"，完成下列宏操作。

（1）录制一个完成高级筛选的宏，然后查看该宏的 VBA 代码。

要求录制宏对"高级筛选"工作表中的各个书店的订单信息实施高级筛选。其中，单元格区域 A2:C3 为高级筛选条件区域；之后只需要设置好筛选条件，单击"筛选"按钮就能自动完成高级筛选。

样例：

	A	B	C	D	E	F	G
1		筛选条件					
2	书店名称	销售员	收货区域		筛选		
3	博达书店	王晓红	东北				
4							
5	书店名称	订单编号	订单日期	订单金额/元	销售员	收货区域	收货省市
65	博达书店	BTW-08060	2022年2月1日	¥ 730.80	王晓红	东北	吉林省长春市
342	博达书店	BTW-08337	2022年6月27日	¥ 2,139.00	王晓红	东北	辽宁省大连市
365	博达书店	BTW-08360	2022年7月7日	¥ 765.00	王晓红	东北	辽宁省大连市
567	博达书店	BTW-08562	2022年10月25日	¥ 680.00	王晓红	东北	辽宁省沈阳市

（2）录制一个完成按"书店名称"进行分类汇总的宏，然后查看该宏的 VBA 代码。

要求创建两个宏并指定给"分类汇总"工作表中相应的按钮。

* 按书店汇总金额：单击该按钮可以自动按"书店名称"汇总订单金额，并且只查看汇总结果。

* 清除汇总：单击该按钮可以删除分类汇总。

样例：

1 2 3		A	B	C	D	E	F	G
	1		按书店汇总金额		清除汇总			
	2							
	3	书店名称	订单编号	订单日期	订单金额/元	销售员	收货区域	收货省市
	183	博达书店 汇总			¥ 201,864.90			
	454	鼎盛轩书店 汇总			¥ 306,654.10			
	636	启航书店 汇总			¥ 191,681.70			
	637	总计			¥ 700,200.70			

习　　题

一、单项选择题

1. 以下对 Excel 中宏的描述中，正确的是_____。

　　A. 宏是一种工作表的格式

　　B. 宏是一种保存工作簿的文件类型

　　C. 宏是一组指令序列，可用于自动执行复杂或重复的操作

　　D. 宏是一种录制功能，可以保存屏幕上显示的工作表、录音和视频

2. 录制宏是指_____。

　　A. 通过录制的方法将 Excel 的操作过程以 VBA 代码的方式记录并保存下来

　　B. 直接输入 Excel 操作过程的 VBA 代码

　　C. 给宏定义一个快捷键

　　D. 将工作表中的数据录制并保存下来

3. 宏录制完成后，下列执行宏的方法错误的是_____。

 A. 通过"开发工具"选项卡"代码"选项组中的"宏"按钮，找到宏名进行执行

 B. 通过"开发工具"选项卡"加载项"按钮进行执行

 C. 将宏指定给快捷键后，通过快捷键进行执行

 D. 将宏指定给按钮后，单击按钮进行执行

4. 宏不可能放置在_____中。

 A. 当前工作簿 B. 新工作簿 C. 个人宏工作簿 D. 没打开的工作簿

5. Excel 文件如果包含宏，则文件必须存储为_____格式。

 A. Excel 启用宏的工作簿   B. Excel 加载宏

 C. Excel 二进制工作簿   D. XML 数据

二、判断题

1. 可以在 Excel 中快速录制宏，也可以使用 VBA 创建宏。 ( )

2. 宏是可执行任意次数的一个操作或一组操作。 ( )

3. 在创建一个宏后，就不能再编辑该宏。 ( )

4. 默认情况下，Excel 禁用宏。 ( )

5. Excle 宏只能保存在当前工作簿中。 ( )

三、简答题

1. 什么是宏？

2. 如何创建宏？

3. 如何使用已经创建的宏？

4. Excel 宏可以实现哪些操作？至少列举 5 种。

第9章
财务分析函数及应用

Excel 提供了丰富的财务函数，这些函数为财务分析提供了极大的便利。用户在使用这些函数之前可以不必理解深奥的财务知识，只要输入相应的参数就可以得到结果。本章主要介绍了投资函数、利率函数、利息与本金函数以及折旧函数等内容。

【学习目标】
- 掌握常用的财务分析函数的功能及基本使用方法。
- 掌握计算投资或贷款的每期偿还额的方法。

9.1 常用的财务分析函数

在介绍具体的财务分析函数之前，我们先了解一下财务分析函数中常见参数的含义。

- rate（利率）：投资或贷款的利率或贴现率。
- nper（期间数）：投资（或贷款）总期数，即该项投资（或贷款）的付款总期数。
- pmt（各期支付金额）：对于一项投资或贷款的各期支付金额，其数值在整个投资或贷款期间保持不变。通常 pmt 包括本金和利息，但不包括其他费用及税款。
- fv（未来值）：在所有付款发生后的投资或贷款的价值，即在最后一次付款后希望得到的现金余额。
- pv（现值）：在投资期初的投资或贷款的价值。例如，贷款的现值为所借入的本金数额。
- type（付款时间类型）：用以指定各期的付款时间是在期初还是期末。有两种取值，0 或省略代表期末，1 代表期初。
- basis（日基准）：有五种取值。值为 0 或省略时采用 "US（NASD）30/360"，值为 1 时采用 "实际天数/实际天数"，值为 2 时采用 "实际天数/360"，值为 3 时采用 "实际天数/365"，值为 4 时采用 "欧洲 30/360"。

9.1.1 投资函数

Excel 中常用的投资函数有 PV、FV、NPV 及 XNPV。这些函数的功能是计算不同形式的投资回报。

1. PV 函数

语法格式：PV(rate,nper,pmt[,fv,type])
函数功能：基于固定利率计算投资的现值，或者说总额。
参数说明如下。

- rate：投资利率。
- nper：投资总期数（期间数）。
- pmt：各期支付金额。
- fv：未来值或在最后一次付款后希望得到的现金余额，省略时默认其值为 0。
- type：付款时间类型，省略时默认其值为 0（期末）。

PV 函数主要用来计算投资的现值，如果一个投资的现值大于所投资的金额，则这项投资是有收益的。

【例 9-1】假设要购买一份保险理财产品，一次性投资 30 万元，投资回报率 7%（年回报率），购买该理财产品后，可以在今后 20 年内于每月底返还 1500 元。该投资合算吗？

分析：表面上看，每月底返还 1500 元，共返还 20*12 个月，累计返还 1500*12*20=36 万元，大于投资本金 30 万元，投资可行。但考虑到资金的时间价值，需要将该固定的每月等额收款 1500 元，按照每月回报率（7%/12），折现期 20*12 个月进行折现，看其现值是否大于初始投资金额，如果大于，该投资合算，否则不合算。

如图 9-1 所示，在单元格区域 A1:A4 中建立了购买保险理财产品的基本数据，在单元格 A6 中输入公式 "=PV(A3/12,A4*12,A2,0,0)"，计算结果为该投资的现值为 ¥-193,473.76，负值表示这是一笔支出金额。由于现值 ¥-193,473.76 小于实际支出值 30 万元，因此这是一项不合算的投资。

	A	B
1	¥300,000	初始投资金额
2	¥1,500	每月底返还额
3	7%	投资年回报率
4	20	领取年限
5		
6	¥-193,473.76	上述条件下的投资现值 =PV(A3/12,A4*12,A2,0,0)

图 9-1

视频 9-1　例 9-1

2. FV 函数

语法格式：FV(rate,nper,pmt[,fv,type])

函数功能：基于固定利率及等额分期付款方式，计算某项投资在将来某个日期的价值（未来值）。

参数说明同 PV 函数。

在日常工作与生活中，我们经常会遇到要计算某项投资的未来值的情况，如果合理利用 FV 函数，则可以帮助我们进行一些有计划、有目的、有效益的投资。

【例 9-2】假设一个家庭 5 年后需要一笔比较大的孩子教育费用支出，计划从现在起每月初存入 2000 元，如果按年利率 6%，按月计息，那么 5 年以后该账户的存款额应该是多少呢？

分析：按照每月利率 6%/12，存期共 5*12 个月，每月初等额存入 2000 元，现值为 0 进行计算。

如图 9-2 所示，在单元格区域 A1:A5 中建立了投资基本数据，在单元格 A7 中输入公式 "=FV(A1/12, A2*12,A3,A4,A5)"，计算结果为在上述条件下的投资未来值，即 5 年以后该账户的存款额应该是 ¥140,237.76。

3. NPV 函数

语法格式：NPV(rate,value1[,value2,…]）

函数功能：基于一系列现金流和固定的各期贴现率，计算一项投资的净现值（当前纯利润）。投资的净现值是指投资所产生的现金净流量以资金成本为贴现率（相当于通货膨胀率或竞争投资的利率）折现之后（正值）与原始投资额金额（负值）之和。净现值越大，投资效益越好。

参数说明如下。

- rate 为某一期间的贴现率。

- value1, value2, …编号可以从 1 到 254，代表支出或收入的现金流。要求 value1, value2, …所属各期间的长度必须相等，而且都发生在期末，并且 NPV 按顺序使用 value1, value2, …来标注现金流的次序。所以一定要保证支出和收入的数额按正确的顺序输入。

NPV 投资开始于 value1 现金流所在日期的前一期，并以列表中最后一笔现金流为结束。如果第一笔现金流发生在第一期的期初，则第一笔现金必须添加到 NPV 的结果中，而不应包含在值参数中。

【例 9-3】假设某用户想开一家食品加工厂，打算初期投资 20 万元，而希望未来 4 年中每年的收入分别为 5 万元、10 万元、20 万元和 40 万元。假定每年的贴现率是 8%，问投资的净现值是多少？

分析：年贴现率为 8%，第一笔 20 万元付款发生在期初，所以不应包含在 value 参数中。

如图 9-3 所示，在单元格区域 A1:A7 中建立了投资基本数据，在单元格 A9 中输入公式"=NPV(A1,A3:A6)+A2"，计算结果为该投资 4 年后的净现值是¥384,808.57。假设该食品加工厂到第 5 年时，要扩大生产，估计要付出 10 万元，则 5 年后食品加工厂投资的净现值为¥316,750.25；如果 20 万元投资的付款发生在期末，则该投资 4 年后的净现值为¥356,304.23。

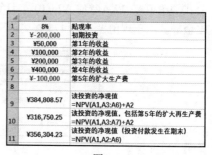

图 9-2

图 9-3

4. XNPV 函数

语法格式：XNPV(rate,values,dates)

函数功能：计算一组现金流的净现值，这些现金流不一定定期发生。若要计算一组定期现金流的净现值，请使用函数 NPV。

参数说明如下。

- rate：应用于现金流的贴现率，所有后续付款都基于每年 365 天进行贴现。
- values：一系列现金流。如果第一个 values 值是成本或付款，则它必须是负值，而且 values 系列必须至少要包含一个正数和一个负数。
- dates：与 values 中的现金流相对应的付款时间。

【例 9-4】假定某项投资需要在 2019/1/1 支付现金 3 万元，并于下述时间获取以下金额的返回资金：2019/7/1 返回 8,750 元，2020/1/1 返回 7,250 元，2020/7/1 返回 16,250 元，2020/12/31 返回 9,750 元。假设资金流转贴现率为 7%，则净现值为多少？

分析：年贴现率为 7%，values 参数对应所有的金额，dates 参数对应相应的日期。

如图 9-4 所示，在单元格区域 A2:B6 中建立了投资基本数据，在单元格 B8 中输入公式 "=XNPV(0.07,A2:A6,B2:B6)"，计算结果为净现值是¥8,436.13。

	A	B
1	数值	日期
2	¥-30,000	2019/1/1
3	¥8,750	2019/7/1
4	¥7,250	2020/1/1
5	¥16,250	2020/7/1
6	¥9,750	2020/12/31
7		
8	净现值 =XNPV(0.07,A2:A6,B2:B6)	¥8,436.13

图 9-4

9.1.2　利率函数

常用的利率函数有 RATE、IRR、MIRR 及 XIRR。这些函数的功能是计算不同形式的利率。Excel 使用迭代法计算函数 RATE、IRR 和 XIRR 的值，直至结果的精度达到 0.0000001 时结束，如果函数经过所规定的迭代次数仍未找到结果，则返回错误值#NUM!。

1. RATE 函数

语法格式：RATE(nper,pmt,pv[,fv,type,guess])

函数功能：用于计算连续分期等额投资（或贷款）的利率，也可以计算一次性偿还的投资（或贷款）利率。

参数说明如下。

- nper：总投资（或贷款）期数。
- pmt：各期支付金额。
- pv：现值（本金）。
- fv：未来值或在最后一次付款后希望得到的现金余额，省略时默认其值为 0。
- type：付款时间类型，省略时默认其值为 0（期末）。
- guess：预期利率，省略时默认其值为 10%。

【例 9-5】假设某用户计划贷款 8 万元装修房子，贷款 5 年，月还款额为 1600 元，计算该笔贷款的月利率及年利率。

分析：按照贷款期数共 5*12 个月，每月末等额偿还 1600 元，贷款现值为 8 万元计算月利率。

如图 9-5 所示，在单元格区域 A1:A3 中建立贷款基本数据，在单元格 A5 中输入公式 "=RATE (A2*12,A3,A1)"，计算结果为贷款月利率 0.62%；在单元格 A6 中输入公式 "=RATE(A2*12,A3, A1)*12"，计算结果为贷款年利率是 7.42%。

	A	B
1	¥80,000	贷款额
2	5	贷款年限
3	¥-1,600	每月偿还额
4		
5	0.62%	贷款月利率 =RATE(A2*12, A3, A1)
6	7.42%	贷款年利率 =RATE(A2*12, A3, A1)*12

图 9-5

视频 9-2　例 9-5

【例 9-6】假设有人建议你投资 10 万元，期限 4 年，那么是每年拿回 3 万元收益合适还是 4 年后一次性拿回 13 万元收益合适呢？

分析：表面上看，每年拿回 3 万元，4 年累计可拿回 12 万元，比一次性拿回 13 万元少了 1 万元。但这实际上就是投资收益率多少的问题。（1）按照期数共 4 年，每年末等额投资收益 3 万元，投资现值为 10 万元计算投资收益率；（2）按照期数共 4 年，每年支付 0 元，投资现值为 10 万元，未来值 13 万元计算 4 年一次性的投资收益率。

如图 9-6 所示，在单元格区域 A1:A3 中建立投资基本数据，在单元格 A4 中输入公式"=RATE(A2, A3, A1)"，计算结果为每年实际收益率 7.71%；在单元格 A6 中输入 130,000，在单元格 A7 中输入公式 "=RATE(A2,0,A1,A6)"，计算结果为每年实际收益率是 6.78%。显然，每年拿回 3 万元收益投资回报率更高。

2. IRR 函数

语法格式：IRR(values[,guess])

函数功能：计算由数值代表的一组现金流的内部收益率。

参数说明如下。

- values：一个数组或对包含数值的单元格的引用，包含用来计算返回的内部收益率的数值。values 必须包含至少一个正值和一个负值，values 值的顺序与现金流的顺序对应。
- guess：对函数 IRR 计算结果的估计值，省略时默认其值为 10%。

【例 9-7】某用户计划开一个食品厂，预计投资为 11 万元，并预期今后 5 年的净收益分别为：1.5 万元、2.1 万元、3 万元、4 万元和 5.5 万元。分别求出投资 2 年、4 年以及 5 年后的内部收益率。

分析：values 参数对应各个现金流，所以计算 4 年后的内部收益率应该包含初期投资和第 1 年、第 2 年、第 3 年、第 4 年的净收益。

如图 9-7 所示，在单元格区域 A1:A6 中建立了投资基本数据，在单元格 A8 中输入公式 "=IRR(A1:A5)"，计算结果为投资 4 年后的内部收益率-1.27%；同理可得，投资 5 年后的内部收益率 11.43%；投资 2 年后的内部收益率-48.96%。

	A	B
1	¥-100,000	初始投资额
2	4	投资年限
3	¥30,000	每年等额收益金额
4	7.71%	投资收益率 =RATE(A2, A3, A1)
5		
6	¥130,000	4年后一次性收益金额
7	6.78%	投资收益率 =RATE(A2, 0, A1, A6)

图 9-6

	A	B
1	¥-110,000	资产原值
2	¥15,000	预期第1年的净收入
3	¥21,000	预期第2年的净收入
4	¥30,000	预期第3年的净收入
5	¥40,000	预期第4年的净收入
6	¥55,000	预期第5年的净收入
7		
8	-1.27%	投资4年后的内部收益率 =IRR(A1:A5)
9	11.43%	投资5年后的内部收益率 =IRR(A1:A6)
10	-48.96%	投资2年后的内部收益率 =IRR(A1:A3)

图 9-7

提示　RATE 函数和 IRR 函数都是使用迭代法进行计算，如果在 20 次迭代之后，结果不能收敛于 0.0000001 之内，则函数返回错误值 #NUM!。

3. MIRR 函数

语法格式：MIRR(values,finance_rate,reinvest_rate)

函数功能：计算某一连续期限内现金流的修正收益率，同时考虑了投资的成本和现金再投资的收益率。

参数说明如下。

- values：一个数组或对包含数值的单元格的引用，包含各期的一系列支出及收入，其中必须至少包含一个正值和一个负值，才能计算修正后的内部收益率。
- finance_rate：现金流中使用的资金支付的利率。
- reinvest_rate：将现金流再投资的收益率。

【例 9-8】如果贷款 12 万元进行投资，5 年的净收益分别为：3.9 万元、3 万元、2.1 万元、3.7 万元和 4.6 万元，12 万元贷款的年利率为 10%，再投资收益的年利率为 12%，则 3 年、5 年后投资的修正收益率是多少？

分析：values 参数对应各个现金流，所以计算 5 年后的修正收益率应该包含初期投资和第 1 年、第 2 年、第 3 年、第 4 年、第 5 年的净收益。

如图 9-8 所示，在单元格区域 A1:A8 中建立了投资基本数据，在单元格 A10 中输入公式 "=MIRR(A1:A6,A7,A8)"，计算结果为 5 年后投资的修正收益率为 12.61%；同理可以分别计算出 3 年后投资的修正收益率为-4.8%，如果基于 14% 的再投资收益率计算，则 5 年后修正收益率为 13.48%。

4. XIRR 函数

语法格式：XIRR(values,dates[,guess])

函数功能：计算一组现金流的内部收益率，这些现金流不一定定期发生。若要计算一组定期现金流的内部收益率，请使用 IRR 函数。

参数说明如下。

- values：与 dates 中的付款时间相对应的一系列现金流。
- guess：对函数 XIRR 计算结果的估计值，省略时默认其值为 0.1（10%）。

【例 9-9】假定在 2018/1/1 投资现金 1 万元，并于下述时间分别获取以下金额的返回资金：2018/3/1 返回 2750 元，2018/10/30 返回 4250 元，2019/2/15 返回 3250 元，2019/4/1 返回 2750 元，那么该笔投资的内部收益率为多少？

分析：values 参数对应所有的现金流，dates 参数对应相应的付款日期。

如图 9-9 所示，在单元格区域 A2:B6 中建立了投资基本数据，在单元格 B8 中输入公式"=XIRR(A2:A6,B2:B6,0.1)"，计算结果为该笔投资的内部收益率是 37.49%。

	A	B
1	¥-120,000	资产原值
2	¥39,000	第1年的收益
3	¥30,000	第2年的收益
4	¥21,000	第3年的收益
5	¥37,000	第4年的收益
6	¥46,000	第5年的收益
7	10%	12万贷款的年利率
8	12%	在投资收益的年利率
9		
10	12.61%	5年后投资的修正收益率 =MIRR(A1:A6, A7, A8)
11	-4.80%	3年后投资的修正收益率 =MIRR(A1:A4, A7, A8)
12	13.48%	基于14%的再投资收益率的 5年后修正收益率 =MIRR(A1:A6, A7, 14%)

图 9-8

	A	B
1	数值	日期
2	¥-10,000	2018/1/1
3	¥2,750	2018/3/1
4	¥4,250	2018/10/30
5	¥3,250	2019/2/15
6	¥2,750	2019/4/1
7		
8	内部收益率 =XIRR(A2:A6, B2:B6, 0.1)	37.49%

图 9-9

9.1.3　利息与本金函数

利息与本金函数主要包括 PMT、IPMT、PPMT、CUMPRINC、CUMIPMT 及 NPER，这些函数的功能是计算不同形式的投资（或贷款）利息与本金。

1. PMT 函数

语法格式：PMT(rate,nper,pv[,fv,type])

函数功能：基于固定利率及等额分期付款方式，计算投资（或贷款）的每期偿还额。

参数说明如下。

- rate：投资（或贷款）利率。
- nper：总投资（或贷款）期数。
- pv：现值（本金）。
- fv：未来值或在最后一次付款后希望得到的现金余额，省略时默认其值为 0。
- type：付款时间类型，省略时默认其值为 0（期末）。

PMT 函数返回的付款包括本金和利息，但不包括税金、准备金，也不包括某些与贷款有关的费用。

【例 9-10】某用户准备向银行贷款 10 万元，期限为 1 年，假设银行给的年利率为 8%，采用等额分期还款方式，那么每月需要向银行还多少钱？

分析：按照每月利率为 8%/12，共 12 个月，贷款现值 10 万元进行计算。

如图 9-10 所示，在单元格区域 A1:A3 中建立贷款基本数据，在单元格 A5

视频 9-3　例 9-10

中输入公式"=PMT(A3/12, A2*12,A1)"，计算结果为每月偿还金额是￥-8,698.84。

图 9-10

2．IPMT 函数

语法格式：IPMT(rate,per,nper,pv[,fv,type])

函数功能：基于固定利率及等额分期付款方式，计算投资贷款在某一给定期间内的利息偿还额。

参数说明如下。

- rate：投资或贷款利率。
- per：要计算利息数额的期数，必须在 1 到 nper 之间。
- nper：总投资（或贷款）期数。
- pv：现值（本金）。
- fv：未来值或在最后一次付款后希望得到的现金余额，省略时默认其值为 0。
- type：付款时间类型，省略时默认其值为 0（期末）。

【例 9-11】某用户在银行贷款 1 万元，假定年利率为 10%，期限为 5 年，那该笔贷款在第一个月偿还的利息是多少？在上述条件下贷款最后 1 年的利息（按年支付）又是多少？

分析：要计算第 1 个月偿还的利息，按照每月利率 10%/12，第 1 个月即第 1 期，共 5*12 个月，贷款现值 1 万元进行计算。要计算最后 1 年偿还的利息，按照年利率 10%，最后 1 年即为按年计算的第 5 期，共 5 年，贷款现值 1 万元进行计算。

如图 9-11 所示，在单元格区域 A1:A3 中建立了贷款基本数据，在单元格 A5 中输入公式"=IPMT(A1/12,1,A2*12,A3)"，计算结果为在上述条件下贷款第 1 个月的利息是￥-83.33；在单元格 A6 中输入公式"=IPMT(A1,5,A2,A3)"，计算结果为在上述条件下贷款最后 1 年的利息是￥-239.82。

3．PPMT 函数

语法格式：PPMT(rate,per,nper,pv[,fv,type])

函数功能：基于固定利率及等额分期付款方式，计算投资（或贷款）在某一给定期间内的本金偿还额。

参数说明同 IPMT 函数。

【例 9-12】如果年利率为 8%，贷款年限为 2 年，贷款额为 20 万元，问贷款第 1 个月和第 1 年的本金偿还额分别是多少？

分析：要计算第 1 个月偿还的本金，按照每月利率 8%/12，第 1 个月即第 1 期，共 2*12 个月，贷款现值 20 万元进行计算。要计算第 1 年偿还的本金，按照年利率 8%，第 1 年即为按年计算的第 1 期，共 2 年，贷款现值 20 万元进行计算。

如图 9-12 所示，在单元格区域 A1:A3 中建立了贷款基本数据，在单元格 A5 中输入公式"=PPMT(A1/12,1,A2*12,A3)"，计算结果为该笔贷款在第 1 个月偿还的本金是￥-7,562.32；在单元格 A6 中输入公式"=PPMT(A1,1,A2,A3)"，计算结果为该笔贷款第 1 年偿还的本金是￥-95,238.10。

	A	B
1	10%	年利率
2	5	贷款年限
3	￥10,000	现值
4		
5	￥-83.33	上述条件下贷款第1个月的利息 =IPMT(A1/12, 1, A2*12, A3)
6	￥-239.82	上述条件下贷款最后1年的利息 =IPMT(A1, 5, A2, A3)

图 9-11

	A	B
1	10%	年利率
2	2	贷款年限
3	￥200,000	现值
4		
5	￥-7,562.32	该笔贷款在第1个月偿还的本金 =PPMT(A1/12, 1, A2*12, A3)
6	￥-95,238.10	该笔贷款在第1年偿还的本金 =PPMT(A1, 1, A2, A3)

图 9-12

4. CUMPRINC 函数

语法格式：CUMPRINC(rate,nper,pv,start_period,end_period,type)

函数功能：计算投资（或贷款）在给定的 start_period 到 end_period 期间累计偿还的本金数额。

参数说明如下。

- rate：投资或贷款利率。
- nper：总投资（或贷款）期数。
- pv：现值（本金）。
- start_period：计算期间的首期（付款期数从 1 开始计数）。
- end_period：计算期间的末期。
- type：付款时间类型，省略时默认其值为 0（期末）。

【例 9-13】某人在银行贷款 12.5 万元，假定年利率为 9%，期限为 30 年，那该笔贷款在第 1 个月偿还的本金和第 2 年（第 13 到 24 期）偿还的全部本金分别是多少？

分析：要计算第 1 个月偿还的本金，按照每月利率 9%/12，共 30*12 个月，贷款现值 12.5 万元，首期 1，末期 1 进行计算。要计算第 2 年偿还的本金，按照每月利率 9%/12，共 30*12 个月，贷款现值 12.5 万元，首期 13，末期 24 进行计算。

如图 9-13 所示，在单元格区域 A1:A3 中建立了贷款基本数据，在单元格 A5 中输入公式 "=CUMPRINC (A1/12,A2*12,A3,1,1,0)"，计算结果为该笔贷款在第 1 个月偿还的本金是 ¥-68.28；在单元格 A6 中输入公式 "=CUMPRINC(A1/12,A2*12,A3,13,24,0)"，计算结果为该笔贷款在第 2 年偿还的所有本金是 ¥-934.11。

5. CUMIPMT 函数

语法格式：CUMIPMT(rate,nper,pv,start_period,end_period,type)

函数功能：返回一笔投资（或贷款）在给定的 start_period 到 end_period 期间累计偿还的利息。

参数说明同 CUMPRINC 函数。

【例 9-14】某人在银行贷款 12.5 万元，假定年利率为 9%，期限为 30 年，那该笔贷款在第 1 个月偿还的利息和第 2 年（第 13 到 24 期）要偿还的全部利息分别是多少？

分析：要计算第 1 个月偿还的利息，按照每月利率 9%/12，共 30*12 个月，贷款现值 12.5 万元，首期 1，末期 1 进行计算。要计算第 2 年偿还的利息，按照每月利率 9%/12，共 30*12 个月，贷款现值 12.5 万元，首期 13，末期 24 进行计算。

如图 9-14 所示，在单元格区域 A1:A3 中建立了贷款基本数据，在单元格 A5 中输入公式 "=CUMIPMT(A1/12,A2*12,A3,1,1,0)"，计算结果为该笔贷款在第 1 个月偿还的利息是 ¥-937.50；在单元格 A6 中输入公式 "= CUMIPMT (A1/12,A2*12,A3,13,24,0)"，计算结果为该笔贷款在第 2 年偿还的所有利息是 ¥-11,135.23。

图 9-13

图 9-14

6. NPER 函数

语法格式：NPER(rate,pmt,pv[,fv,type])

函数功能：计算按指定偿还金额分期偿还贷款的总期数。

参数说明如下。

- rate：投资或贷款利率。
- pmt：每一期支付额。
- pv：现值（本金）。
- fv：未来值，省略时默认其值为 0。
- type：付款时间类型，省略时默认其值为 0（期末）。

【例 9-15】某用户计划从银行贷款 50 万元，年利率为 6%，采用等额分期付款方式，每月可偿还 6000 元，那么需要多久才能还清？

分析：按照每月利率为 6%/12，每期偿还 6000 元，贷款现值 50 万元进行计算。

如图 9-15 所示，在单元格区域 A1:A3 中建立了贷款基本数据，在单元格 A5 中输入公式 "=NPER(A1/12,A2,A3)"，计算结果为 108（月），即该贷款需要 108 个月（即 9 年）才能还清。

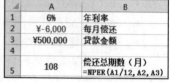

图 9-15

9.1.4 折旧函数

折旧函数主要包括 DB、DDB、VDB、SLN、SYD 和 AMORDEGRC。这些函数都是用来计算资产折旧的，只是用了不同的计算方法。具体选用哪种折旧方法，则需视情况而定。

1. DB 函数

语法格式：DB(cost,salvage,life,period[,month])

函数功能：使用固定余额递减法，计算指定的任何期间内的资产折旧值。

参数说明如下。

- cost：资产原值。
- salvage：资产残值。
- life：折旧期限（使用寿命）。
- period：需要计算折旧值的期间（必须使用与 life 相同的单位）。
- month：第 1 年的月份数，省略时默认其值为 12。

【例 9-16】某用户于 5 年前的 6 月份花 8500 元购买了一台计算机，现在报废得到 1000 元，那么这台计算机每年的折旧值分别是多少？

分析：计算机原值 8500 元，残值 1000 元，折旧期限 5 年，第 1 年使用的月份数是 7。

如图 9-16 所示，在单元格区域 A1:A3 中建立了折旧基本数据，在单元格 A5 中输入公式 "=DB(A1,A2,A3,1,7)"，计算结果为第 1 年的折旧值是 ¥1,725.50，同理，可以分别求出第 2 年、第 3 年、第 4 年、第 5 年、第 6 年的折旧值分别为 ¥2,357.53、¥1,537.11、¥1,002.19、¥653.43 和 ¥177.52。

	A	B
1	¥8,500	计算机原值
2	¥1,000	报废价值
3	5	使用寿命
4		
5	¥1,725.50	第1年使用7个月的折旧值 =DB(A1,A2,A3,1,7)
6	¥2,357.53	第2年的折旧值 =DB(A1,A2,A3,2,7)
7	¥1,537.11	第3年的折旧值 =DB(A1,A2,A3,3,7)
8	¥1,002.19	第4年的折旧值 =DB(A1,A2,A3,4,7)
9	¥653.43	第5年的折旧值 =DB(A1,A2,A3,5,7)
10	¥177.52	第6年使用5个月的折旧值 =DB(A1,A2,A3,6,7)

图 9-16

视频 9-4　例 9-16

2. DDB 函数

语法格式：DDB(cost,salvage,life,period[,factor])

函数功能：使用双倍余额递减法，计算指定的任何期间内的资产折旧值。

参数说明如下。

- cost：资产原值。
- salvage：资产残值。
- life：折旧期限（使用寿命）。
- period：需要计算折旧值的期间（必须使用与 life 相同的单位）。
- factor：余额递减速率（折旧因子），省略时默认其值为 2（双倍余额递减法）。

【例 9-17】某用户花 10 万元购买了一台小汽车从事出租运营，假定使用期限为 10 年，报废价值为 1 万元，分别计算第 1 天，第 1 个月、第 1 年、第 3 年各期间内的折旧值。

分析：汽车原值 10 万元，残值 1 万元，折旧期限按天计算为 10*365 天，按月计算为 10*12 月，按年计算为 10 年。

如图 9-17 所示，在单元格区域 A1:A3 中建立了折旧基本数据，在单元格 A5 中输入公式 "=DDB(A1,A2,A3*365,1)"，计算结果为第 1 天的折旧值是 ¥54.79，同理，可以计算出第 1 个月、第 1 年、第 3 年的折旧值分别为 ¥1,666.67、¥20,000.00、¥12,800.00。

3. VDB 函数

语法格式：VDB(cost,salvage,life,start_period,end_period[,factor,no_switch])

函数功能：使用可变余额递减法，计算指定的 start_period 到 end_period 期间内的资产折旧值。

参数说明如下。

- cost：资产原值。
- salvage：资产残值。
- life：折旧期限（使用寿命）。
- start_period：进行折旧计算的起始期间（必须与 1ife 单位相同）。
- end_period：进行折旧计算的截止期间（必须与 life 单位相同）。
- factor：余额递减速率（折旧因子），省略时默认其值为 2（双倍余额递减法）。如果不想使用双倍余额递减法，可改变参数 factor 的值。
- no_switch：逻辑值，指定当折旧值大于余额递减计算值时，是否转用直线折旧法，如果该参数为 TRUE，即使折旧值大于余额递减计算值，Excel 也不转用直线折旧法；如果该参数为 FALSE 或被忽略，且折旧值大于余额递减计算值，Excel 将转用直线折旧法。

【例 9-18】某用户花 10 万元购买了一台小汽车从事出租运营，假定使用期限为 10 年，报废价值为 1 万元，分别计算第 1 天、第 1 年、第 6～15 个月各期间内的折旧值。

分析：汽车原值为 10 万元，残值为 1 万元，折旧期限按天计算为 10*365 天，按月计算为 10*12 月，按年计算为 10 年。

如图 9-18 所示，在单元格区域 A1:A3 中建立了折旧基本数据，在单元格 A5 中输入公式 "=VDB(A1,A2,A3*365,0,1)"，计算结果为第 1 天的折旧值是 ¥54.79，同理，可计算出第 1 年和第 6～15 个月的折旧值分别为 ¥20,000.00 和 ¥12,691.35，改变折旧因子为 1.5 后计算第 6～15 个月的折旧值为 ¥9,925.50。

4. SLN 函数

语法格式：SLN(cost,salvage,life)

函数功能：基于直线折旧法计算某项资产每期的线性折旧值，即平均折旧值。

	A	B
1	¥100,000	汽车原值
2	¥10,000	报废价值
3	10	使用年限
4		
5	¥54.79	第 1 天的折旧值 =DDB(A1, A2, A3*365, 1)
6	¥1,666.67	第 1 个月的折旧值 =DDB(A1, A2, A3*12,1)
7	¥20,000.00	第 1 年的折旧值 =DDB(A1, A2, A3, 1)
8	¥12,800.00	第 3 年的折旧值 =DDB(A1, A2, A3, 3)

图 9-17

	A	B
1	¥100,000	汽车原值
2	¥10,000	报废价值
3	10	使用年限
4		
5	¥54.79	第 1 天的折旧值 =VDB(A1, A2, A3*365, 0, 1)
6	¥20,000.00	第 1 年的折旧值 =VDB(A1, A2, A3, 0, 1)
7	¥12,691.35	第 6~15 个月的折旧值 =VDB(A1, A2, A3*12, 6, 15)
8	¥9,925.50	第 6~15 个月的折旧值（折旧因子 1.5） =VDB(A1, A2, A3*12, 6, 15, 1.5)

图 9-18

参数说明如下。

- cost：资产原值。
- salvage：资产残值。
- life：折旧期限（使用寿命）。

【例 9-19】某用户要购买一辆价值 30 万元的小汽车，假设其折旧年限为 20 年，残值为 2 万元，那每年的线性折旧值是多少？

分析：汽车原值 30 万元，残值 2 万元，折旧期限按年计算为 20 年。

如图 9-19 所示，在单元格区域 A1:A3 中建立了折旧基本数据，在单元格中输入公式"=SLN(A1,A2,A3)"，计算结果为每年的线性折旧值是 ¥14,000.00。

5. SYD 函数

语法格式：SYD(cost,salvage,life,period)

函数功能：计算某项资产按年限总和折旧法计算的指定期间的折旧值。

参数说明如下。

- cost：资产原值。
- salvage：资产残值。
- life：折旧期限（使用寿命）。
- period：需要计算折旧值的期间（必须使用与 life 相同的单位）。

【例 9-20】某用户购买了一台计算机，如果计算机原值 8500 元，报废价值为 1000 元，使用寿命 5 年，则第 1 年和第 4 年的折旧值分别是多少？

分析：计算机原值 8500 元，残值 1000 元，折旧期限 5 年，计算第 1 年折旧值 period 为 1，计算第 4 年折旧值 period 为 4。

如图 9-20 所示，在单元格区域 A1:A3 中建立了折旧基本数据，在单元格 A5 中输入公式"=SYD(A1,A2,A3,1)"，计算结果为第 1 年的折旧值是 ¥2,500.00。在单元格 A6 中输入公式"=SYD(A1,A2,A3,4)"，计算结果为第 4 年的折旧值是 ¥1,000.00。

	A	B
1	¥300,000	汽车原值
2	¥20,000	报废价值
3	20	使用年限
4		
5	¥14,000.00	每年的线性折旧值 =SLN(A1, A2, A3)

图 9-19

	A	B
1	¥8,500	计算机原值
2	¥1,000	报废价值
3	5	使用年限
4		
5	¥2,500.00	第 1 年的折旧值 =SYD(A1,A2,A3,1)
6	¥1,000.00	第 4 年的折旧值 =SYD(A1,A2,A3,4)

图 9-20

6. AMORDEGRC 函数

语法格式：AMORDEGRC(cost,date_purchased,first_period,salvage,period,rate[,basis])

函数功能：计算每个结算期间的折旧值。

参数说明如下。

- cost：资产原值。
- date_purchased：购入资产的日期。
- first_period：第一个期间结束时的日期。
- salvage：资产残值。
- period：需要计算折旧值的期间。
- rate：折旧率。
- basis：所使用的年基准，省略时默认采用"US（NASD）30/360"。

【例 9-21】某用户购买了一台计算机，如果计算机原值 8500 元，报废价值 1000 元。使用寿命 5 年，购入资产的日期为 2019 年 10 月 1 日，折旧率为 15%，使用的年基准为 1（按实际天数），计算第一个结算期间（结束日期 2019 年 12 月 31 日）的折旧值是多少？

分析：计算机原值 8500 元，购入资产的日期为 2019/10/1，第一个期间结束日期为 2019/12/31，残值 1000 元，折旧期限 5 年，计算第一年折旧值 period 为 1。

如图 9-21 所示，在单元格区域 A1:A5 中建立了折旧基本数据，在单元格 A7 中输入公式"= AMORDEGRC (A1,A2,A5,A3,1,15%,1)"，计算结果为第一个结算期间的折旧值是￥2,889.00。

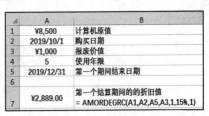

图 9-21

9.2　应用实例——购房贷款的计算

在日常生活中，人们越来越多地同银行的存贷业务打交道，如住房贷款、汽车贷款、教育贷款及个人储蓄等。但很多人对贷款的月偿还金额、利息的计算往往感到束手无策，Excel 提供的财务分析函数能够简单、方便地帮助大家完成这方面的工作。

由于房贷的数额大，周期长，家庭在制定还款计划时，要考虑各方面的因素才不会在还款的过程中因考虑不周而造成还款困难甚至严重影响正常生活。那么如何根据自己的还款能力制定一个切实可行的购房贷款计划呢？下面我们利用 Excel 的 PMT 函数及模拟分析中的双变量模拟运算表（见第 10 章）构建了一个购房贷款方案表，人们可以根据自己的实际情况从中选择一份切实可行的还款方案，这样就不会因为还贷压力而影响正常生活了。

1. 基本还款模型的建立

一般贷款者在制定贷款（还款）计划的过程中要考虑诸多因素，比如贷款利率、按揭年限及个人承受能力等，根据这些特点，可以利用 Excel 建立一个购房贷款基本还款模型，假定采用等额本金还款方式偿还贷款。

① 新建一个 Excel 工作簿，在工作表 B2 单元格中输入贷款总额 50 万元，在 B3 单元格输入年利率 4.90%（2015/10/24 后期限 5 年以上基准利率），在 B4 单元格中输入按揭年限 20 年。

② 在 B5 单元格中输入支付利息款的计算公式=CUMIPMT(B3/12,B4*12,B2,1,B4*12,0)。

③ 在 B6 单元格中输入每月等额还款额计算公式=PMT(B3/12,B4*12,B2)。

④ 最终建立的基于等额本金还款方式的购房贷款基本还款模型如图 9-22 所示。

	A	B
1	购房贷款方案表	
2	贷款总额	¥500,000
3	年利率	4.90%
4	按揭年限	20
5	支付利息款	¥-285,332.86
6	每月还款额	¥-3,272.22

图 9-22

2. 使用双变量模拟运算表构建还款方案

（1）构建还款方案框架。假定，可供选择的贷款总额有 50 万元、60 万元、70 万元、80 万元、90 万元、100 万元；可供选择的按揭年限有 5 年、10 年、15 年、20 年和 30 年。在 C6:H6 单元格区域中输入不同贷款总额，在 B7:B11 单元格区域中输入不同的按揭年限，构建还款方案框架如图 9-23 所示。

（2）使用双变量模拟运算表构建还款方案。选取单元格区域 B6:H11，单击"数据"选项卡"预测"选项组中的"模拟分析"按钮，选择"模拟运算表"选项，打开"模拟运算表"对话框，如图 9-24 所示。

	A	B	C	D	E	F	G	H
1	购房贷款方案表							
2	贷款总额	¥500,000						
3	年利率	4.90%						
4	按揭年限	20						
5	支付利息款	¥-285,332.86						
6	每月还款额	¥-3,272.22	¥1,000,000	¥900,000	¥800,000	¥700,000	¥600,000	¥500,000
7	5年按揭	5						
8	10年按揭	10						
9	15年按揭	15						
10	20年按揭	20						
11	30年按揭	30						

图 9-23

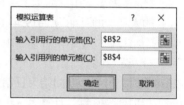

模拟运算表 ? ×

输入引用行的单元格(R): $B$2

输入引用列的单元格(C): $B$4

确定　　取消

图 9-24

在本例中，影响每月还款额的变量有"贷款总额"和"按揭年限"，我们将"贷款总额"设置为行变量，"按揭年限"设置为列变量，即分别指定"$B$2"为引用行的单元格，"$B$4"为引用列的单元格。单击"确定"按钮，在 C7:H11 单元格区域给出了不同贷款年限、不同贷款总额的每月还款额，如图 9-25 所示。例如，F9 单元格的数值表示贷款 70 万元、15 年按揭的每月还款额为 ¥-5499.16。

	A	B	C	D	E	F	G	H
1	购房贷款方案表							
2	贷款总额	¥500,000						
3	年利率	4.90%						
4	按揭年限	20						
5	支付利息款	¥-285,332.86						
6	每月还款额	¥-3,272.22	¥1,000,000	¥900,000	¥800,000	¥700,000	¥600,000	¥500,000
7	5年按揭	5	¥-18,825.45	¥-16,942.91	¥-15,060.36	¥-13,177.82	¥-11,295.27	¥-9,412.73
8	10年按揭	10	¥-10,557.74	¥-9,501.97	¥-8,446.19	¥-7,390.42	¥-6,334.64	¥-5,278.87
9	15年按揭	15	¥-7,855.94	¥-7,070.35	¥-6,284.75	¥-5,499.16	¥-4,713.57	¥-3,927.97
10	20年按揭	20	¥-6,544.44	¥-5,890.00	¥-5,235.55	¥-4,581.11	¥-3,926.66	¥-3,272.22
11	30年按揭	30	¥-5,307.27	¥-4,776.54	¥-4,245.81	¥-3,715.09	¥-3,184.36	¥-2,653.63

图 9-25

3. 购房贷款决策

购房者可根据自己的还款能力制定一份切实可行的购房贷款计划，假定每月还款额最高不能超过 5000 元，但也不要低于 4000 元，满足条件的方案有 4 个，如图 9-26 所示的黑框部分，可以根据自己的实际情况选择其中的一种。

	A	B	C	D	E	F	G	H
1	购房贷款方案表							
2	贷款总额	¥500,000						
3	年利率	4.90%						
4	按揭年限	20						
5	支付利息款	¥-285,332.86						
6	每月还款额	¥-3,272.22	¥1,000,000	¥900,000	¥800,000	¥700,000	¥600,000	¥500,000
7	5年按揭	5	¥-18,825.45	¥-16,942.91	¥-15,060.36	¥-13,177.82	¥-11,295.27	¥-9,412.73
8	10年按揭	10	¥-10,557.74	¥-9,501.97	¥-8,446.19	¥-7,390.42	¥-6,334.64	¥-5,278.87
9	15年按揭	15	¥-7,855.94	¥-7,070.35	¥-6,284.75	¥-5,499.16	¥-4,713.57	¥-3,927.97
10	20年按揭	20	¥-6,544.44	¥-5,890.00	¥-5,235.55	¥-4,581.11	¥-3,926.66	¥-3,272.22
11	30年按揭	30	¥-5,307.27	¥-4,776.54	¥-4,245.81	¥-3,715.09	¥-3,184.36	¥-2,653.63

图 9-26

在市场经济高度发达的今天，投资活动越来越频繁，人们在投资之前对不同的投资方案进行比较就显得尤为重要。这里以购房贷款为例，利用 Excel 的财务分析函数并结合模拟分析对投资方案进行了分析、比较，为投资决策提供了帮助，此方法在实际工作和生活中具有很高的实用价值。

9.3　实用技巧——解决 1 分钱的差异

在日常生活中对购买商品的数据进行计算、分析和汇总时，经常会发现每一件商品的数据都是正确的，但是合计的结果有时候会差 1 分钱。如图 9-27 所示，D 列和 E 列虽然采用了不同的计算公式，每一种水果的金额都是一样的，可是计算合计时差了 1 分钱。

产生差异的原因实际上是小数点的问题。D 列中的每个单元格都采用 ROUND 函数进行了四舍五入并保留 2 位小数，而且在计算合计时就是按照显示的数值进行计算的。相比之下，E 列中每个单元格格式虽均设置为 2 位小数，而实际上该数的小数不止 2 位，而且在计算合计时是按照实际的小数位数进行计算，导致结果出现差异。

	A	B	C	D	E
1	水果品种	单价 / 元	数量 / 斤	金额 / 元 =ROUND（单价×数量，2）	金额 / 元 =单价×数量
2	苹果	3.98	1.38	5.49	5.49
3	香蕉	2.99	2.07	6.19	6.19
4	西瓜	1.49	8.11	12.08	12.08
5	葡萄	2.32	3.53	8.19	8.19
6		合计（SUM函数）		31.95	31.96

图 9-27

解决 1 分钱差异的具体操作步骤如下。

（1）单击"文件"选项卡"选项"按钮，打开"Excel 选项"对话框。在对话框左侧单击"高级"，在右侧勾选"计算此工作簿时"下方的"将精度设为所显示的精度"复选框，如图 9-28 所示，勾选完成后关闭对话框。

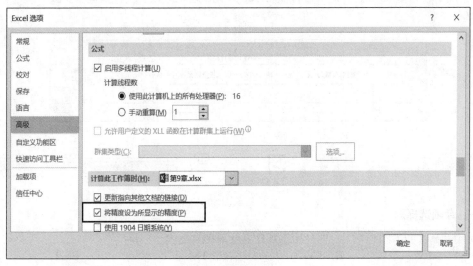

图 9-28

（2）此时任意设置单元格的小数位数，均能得到按显示精度计算的不存在任何差异的合计结果。例如，图 9-29 所示，E、F 和 G 列分别是设置了 2 位小数、3 位小数和 4 位小数的合计结果。

	A	B	C	D	E	F	G
1	水果品种	单价/元	数量/千克	金额/元 =ROUND(单价×数量，2)	金额/元 =单价×数量	金额/元 =单价×数量	金额/元 =单价×数量
2	苹果	3.98	1.38	5.49	5.49	5.492	5.4924
3	香蕉	2.99	2.07	6.19	6.19	6.189	6.1893
4	西瓜	1.49	8.11	12.08	12.08	12.084	12.0839
5	葡萄	2.32	3.53	8.19	8.19	8.190	8.1896
6	合计 (SUM函数)			31.95	31.95	31.955	31.9552

图 9-29

课堂实验

一、实验目的

（1）掌握常用的财务分析函数的功能。

（2）掌握计算投资（或贷款）每期偿还额的方法。

二、实验内容

（1）利用 PMT 函数制作一个简易贷款还款计算器，在已知贷款金额、贷款年限、贷款利率的情况下，按照等额本息的还款方式计算出每月还款额。

样例：

	A	B	C	D
1	简易贷款还款额计算器			
2	贷款金额（万元）	贷款年限	贷款年利率	每月等额本息还款额
3	10	1	6.25%	¥-8,618.14
4	20	2	5.10%	¥-8,783.24
5	50	10	4.20%	¥-5,109.92
6	80	20	4.65%	¥-5,126.20
7	100	30	3.75%	¥-4,631.16

（2）利用 PV 函数制作一个关于退休计划的存款计算器。在已知年龄、每年投资金额、投资回报率的情况下，希望 60 岁退休时一次性获得 500 万元，现在应该一次性投资多少钱？

样例：

	A	B	C	D	E
1	退休计划计算器				
2	目前年龄	每年投资金额/万元	投资年限（60岁退休）	投资回报率（年利率）	当前存款金额 （退休时要达到500万元）
3	25	2	35	6.25%	¥-299,776.67
4	30	5	30	5.10%	¥-325,621.53
5	40	10	20	4.20%	¥-804,555.48
6	50	30	10	4.65%	¥-707,808.64

习　　题

一、单项选择题

1. 在 Excel 的下列函数中，能够用来计算等额分期方式下每期偿还额的是_____函数。

　　A. NPV　　　　　　　B. PV　　　　　　　C. FV　　　　　　　D. PMT

2. Excel 中的 SLN 函数采用_____进行计算。

　　A. 双倍余额递减法折旧　　　　　　　B. 直线法折旧

　　C. 年限总和法折旧　　　　　　　　　D. 可变余额递减法折旧

3. 在 Excel 的下列函数中，能够用来计算在某一给定期间内的利息偿还额的函数是_____。

    A. NPV   B. RATE   C. IPMT   D. PMT

4. 在 Excel 的下列函数中，能够用来计算按指定偿还金额分期偿还贷款的总期数的函数是_____。

    A. NPER   B. PV   C. PMT   D. IRR

5. 在 Excel 中，DB 函数的格式为 DB(cost,salvage,life,period,[month])，其中第一个参数的含义是_____。

    A. 资产原值   B. 资产残值   C. 折旧年限   D. 使用寿命

二、判断题

1. 函数 NPV(rate,value1[,value2,…]）中的参数 value1，value2，…要求所属各期间的长度必须相等，而且都发生在期末。（　　）

2. 函数 FV(rate,nper,pmt[,fv,type])中的参数 type 为付款时间类型，省略时默认在期初。（　　）

3. Excel 使用迭代法计算利率函数 RATE、IRR 和 XIRR 的值，直至结果的精度达到 0.001%时结束。（　　）

4. PMT 函数的功能是基于固定利率及等额分期付款方式，计算贷款的每期偿还额。（　　）

5. DB 函数是用来计算资产折旧的函数。（　　）

三、计算分析题

1. 某用户需要在 4 年后从银行取出 10 万元，假设银行年利率为 5%，问现在必须一次性存入多少钱？

2. 某企业计划在 5 年后创办一所希望小学，需要资金 50 万元。从现在开始筹备资金，打算在每月的月初存入 7500 元，在整个投资期间内，年投资回报率为 7.6%，问 5 年后这笔存款是否足够满足创办一所希望小学？

3. 某企业需要拓展业务，欲向银行贷款 100 万元。假设企业每月有能力且最适合的还款额为 12000 元，银行年利率为 7.5%，该企业至少需要多久才能还清贷款？

4. 某企业 2020 年初从租赁公司租入一套设备，价值 200 万元，租期为 6 年，租金每年年末支付一次。

（1）若预计租赁期满残值为 3 万元，残值归租赁公司所有，年利率按 8%计算，租赁费率为设备价值的 2%，按平均分摊法计算每年年末应付的租金应该是多少？

（2）若设备残值归承租公司，综合租赁费率确定为 10%，按等额年金法计算每年年末支付的租金应该是多少？

5. 某超市计划将现有一批已使用 5 年的货架转手卖出，5 年前的购买价值为 8 万元，使用年限为 10 年，报废价值为 15000 元，请使用直线折旧法、固定余额递减折旧法、双倍余额递减折旧法、年限总和折旧法和可变余额递减折旧法这 5 种不同的折旧方法计算出这批货架这 5 年的折旧金额。

第10章
模拟分析

除了各种计算函数之外，Excel 还提供了许多数据分析工具。使用这些工具来分析处理数据更为方便、快捷和高效。本章通过不同的应用实例介绍了 Excel 的单变量求解、模拟运算表、方案管理器等数据分析工具的功能和使用方法。

【学习目标】
- 掌握单变量求解、模拟运算表、方案管理器的功能。
- 能够选择适当的模拟分析工具解决实际问题。

10.1　单变量求解

单变量求解是对函数公式的逆运算，主要解决假定一个公式要取得某一结果值，公式中的某个变量应取值多少的问题。下面通过几个例子来理解单变量求解。

【例 10-1】简单函数 y=2x+10 的单变量求解。

分析：如图 10-1 所示，在 B2 单元格中输入变量 x 的值；B3 单元格中输入函数的截距 10；B4 单元格中是 y 值的计算公式 "=2*B2+B3"。如果 B2 单元格值为 5，则 B4 单元格会自动计算为 20。如果我们想让 B4 单元格为某个特定的值，那么与 x 对应的 B2 单元格值应该是多少？这就好比我们知道 x 的值可以求得 y 的值，但根据 y 的值如何求出 x 的值？这是典型的逆运算问题。

视频 10-1　例 10-1

假设 y 的目标值为 100，通过单变量求解出 x 值的具体操作步骤如下。

① 单击"数据"选项卡"预测"选项组中的"模拟分析"按钮，选择"单变量求解"选项，弹出"单变量求解"对话框。

② 在"单变量求解"对话框中将"目标单元格"设置为"$B$4"，"目标值"设置为"100"，"可变单元格"设置为"$B$2"，如图 10-1 所示。

③ 单击"确定"按钮，执行单变量求解。Excel 自动进行迭代运算，最终得出使目标单元格（B4）等于目标值 100 时，可变单元格（B2）的值为 45，如图 10-2 所示。单击"确定"按钮，完成计算。

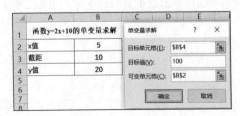

图 10-1

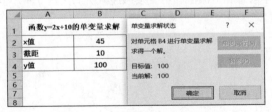

图 10-2

默认情况下，"单变量求解"最多进行 100 次迭代运算，最大误差值为 0.001。如果不需要这么高的精度，可以单击"文件"选项卡中的"选项"按钮打开"Excel 选项"对话框，在该对话框左侧选择"公式"，然后在右侧的"计算选项"中进行设置。

【例 10-2】贷款问题的单变量求解。某人买房计划贷款 100 万元，年限为 10 年，采取每月等额偿还本息的方法归还贷款本金并支付利息，按目前银行初步提出的年利率 5.5% 的方案，利用财务函数 PMT 可以计算出每月需支付 10,852.63 元。但目前每月可用于还贷的资金只有 8,000.00 元。因此，要确定在年利率和贷款年限不变的条件下，可以申请贷款的最大额度。

分析：如图 10-3 所示，在 B2 单元格中输入贷款金额，在 B3 单元格中输入贷款年限，在 B4 单元格中输入年利率，在 B5 单元格中输入每月等额还款额的计算公式"=PMT(B4/12,B3*12,B2)"。当前 B2 单元格值为 100 万元，B3 单元格值为 10 年，B4 单元格值为 5.5%，则 B5 单元格会自动计算为 ¥-10,852.63（会计专用格式，PMT 函数的计算结果为每月等额偿还额，是支出项，所以为负值）。可以确定贷款金额 B2 是可变单元格，每月等额还款额 B5 是目标单元格，目标值是 -8000，单变量求解过程如下。

① 单击"数据"选项卡"预测"选项组中的"模拟分析"按钮，选择"单变量求解"选项，弹出"单变量求解"对话框。

② 在"单变量求解"对话框中将"目标单元格"设置为"$B$5"，"目标值"设置为"-8000"，"可变单元格"设置为"$B$2"。

③ 单击"确定"按钮，执行单变量求解。Excel 自动进行迭代运算，最终得出使目标单元格（B5）等于目标值 -8000 时，可变单元格（B2）的值为 737,149 元，如图 10-4 所示。单击"确定"按钮，完成计算。

图 10-3　　　　　　　　　　　　　　　　　　　图 10-4

10.2　模拟运算表

模拟运算表是对一个单元格区域中的数据进行模拟运算，分析在公式中使用变量时，变量值的变化对公式运算结果的影响。在 Excel 中可以构造两种类型的模拟运算表：单变量模拟运算表和双变量模拟运算表。前者用来分析一个变量值的变化对公式运算结果的影响，后者用来分析两个变量值同时变化对公式运算结果的影响。

10.2.1　单变量模拟运算表

当需要分析单个决策变量变化对某个计算公式的影响时，可以使用单变量模拟运算表实现。例如，不同的年化收益率对理财产品收益的影响，不同的贷款年利率对还款额度的影响等。

【例 10-3】某公司计划贷款 1000 万元，年限为 10 年，采取每月等额偿还本息的方法归还贷款本金并支付利息，目前的年利率为 4%，每月的偿还额为 101,245.14 元。但根据宏观经济的发展情况，国家会通过调整利率对经济发展进行宏观调控。投资人为了更好地进行决策，需要全面了解利率变动对偿贷能力的影响。

分析：如图 10-5 所示，在 B2 单元格中输入贷款金额，在 B3 单元格中输入贷款年限，在 B4 单元格中输入年利率，在 B5 单元格中输入每月等额还款额的计算公式"=PMT(B4/12,B3*12,B2)"。当前 B2 单元格值为 1,000 万元，B3 单元格值为 10 年，B4 单元格值为 4%，则 B5 单元格会自动计算为 ¥-101,245.14。使用单变量模拟运算表可以很直观地以表格的形式，将偿还贷款的能力与利率变化的关系在工作表上列出来，方便对比不同年利率下的每月等额还款额。

用单变量模拟运算表解决此问题的具体操作步骤如下。

① 选择一个单元格区域作为模拟运算表存放区域，本例选择 D1:E13 单元格区域。其中 D2:D13 单元格区域列出了年利率的所有取值，分别为 3.25%、3.50%、…、6.00%。在 E1 单元格中输入每月等额还款额的计算公式"=PMT(B4/12,B3*12,B2)"，如图 10-5 所示。

	A	B	C	D	E
1	贷款问题的单变量模拟运算表				¥-101,245.14
2	贷款金额/元	10,000,000		3.25%	
3	贷款年限/年	10		3.50%	
4	年利率	4%		3.75%	
5	每月等额还款额/元	¥-101,245.14		4.00%	
6				4.25%	
7				4.50%	
8				4.75%	
9				5.00%	
10				5.25%	
11				5.50%	
12				5.75%	
13				6.00%	

视频 10-2 例 10-3

图 10-5

单变量模拟运算表的存放区域说明如下。

• 在单变量模拟运算表中，变量的数据值必须存放在模拟运算表存放区域的第一行或第一列中。

• 如果放在第一列，则必须在变量数据值区域的上一行的右侧列所对应的单元格中输入计算公式；如果放在第一行，则必须在变量数据值区域左侧列的下一行所对应的单元格中输入计算公式。

• 本例中是放在 D1:E13 单元格区域的第一列中，所以应该在 E1 单元格中输入计算公式。

② 选定整个模拟运算表区域（即 D1:E13），单击"数据"选项卡"预测"选项组中的"模拟分析"按钮，选择"模拟运算表"选项，弹出"模拟运算表"对话框。

③ 在该对话框的"输入引用列的单元格"框中输入"$B$4"，如图 10-6 所示。

输入引用列的单元格说明如下。

• 如果变量的数据值按列存放，则需要使用"输入引用列的单元格"；如果变量的数据值按行存放，则需要使用"输入引用行的单元格"。

• 被引用的单元格就是在模拟运算表进行计算时，变量的数据值要代替计算公式中的哪一个单元格数据值。本例中的变量数据值是"年利率"，所以指定"$B$4"为引用列的单元格，即年利率所在的单元格。

④ 单击"确定"按钮，模拟运算表的计算结果如图 10-7 所示（小数位数为 0）。

提示

在已经生成的模拟运算表中，单元格区域 E2:E13 中的公式为"=TABLE(,B4)"，表示一个以单元格 B4 为列变量的模拟运算表。

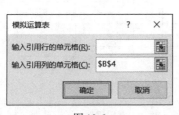

图 10-6　　　　　　　　　　　　图 10-7

如果将所有年利率值按行存放，需要在年利率值左侧下一行的单元格中输入计算公式，并指定"$B$4"为引用行的单元格。例如，选择 A7:M8 单元格区域作为模拟运算表的存放区域，计算结果如图 10-8 所示（小数位数为 0）。

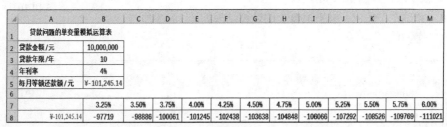

图 10-8

10.2.2　双变量模拟运算表

单变量模拟运算表只能解决一个变量值变化对公式计算结果的影响，如果想查看两个变量值变化对公式计算结果的影响，就需要用到双变量模拟运算表。

【例 10-4】基于例 10-3，除了考虑年利率的变化，还需要同时分析不同贷款年限对偿还额的影响。

分析：这里涉及两个变量，需要使用双变量模拟运算表进行计算。

用双变量模拟运算表解决此问题的具体操作步骤如下。

视频 10-3　例 10-4

① 选择一个单元格区域作为模拟运算表存放区域。本例选择 A7:M13 单元格区域，其中 B7:M7 单元格区域列出了年利率的所有取值，分别为 3.25%、3.50%、…、6.00%；A8:A13 单元格区域列出了贷款年限的所有取值，分别为 5、10、…、30。在 A7 单元格中输入每月等额还款额的计算公式"=PMT(B4/12,B3*12,B2)"，如图 10-9 所示。

双变量模拟运算表的存放区域说明如下。

- 在双变量模拟运算表中，两个变量的数据值必须分别放在模拟运算表存放区域的第一行和第一列，而且计算公式必须放在模拟运算表存放区域最左上角的单元格中。

- 本例中模拟运算表的存放区域是 A7:M13，所以在 A7 单元格中输入计算公式，在 B7:M7 单元格区域中列出年利率值，在 A8:A13 单元格区域中列出贷款年限的所有取值。

	A	B	C	D	E	F	G	H	I	J	K	L	M
1	贷款问题的双变量模拟运算表												
2	贷款金额 / 元	10,000,000											
3	贷款年限 / 年	10											
4	年利率	4%											
5	每月等额还款额 / 元	¥-101,245.14											
6													
7	¥-101,245.14	3.25%	3.50%	3.75%	4.00%	4.25%	4.50%	4.75%	5.00%	5.25%	5.50%	5.75%	6.00%
8	5												
9	10												
10	15												
11	20												
12	25												
13	30												

图 10-9

② 选定整个模拟运算表区域（即单元格区域 A7:M13），单击"数据"选项卡"预测"选项组中的"模拟分析"按钮，选择"模拟运算表"选项，弹出"模拟运算表"对话框。

③ 在该对话框的"输入引用行的单元格"框中输入"$B$4"，在"输入引用列的单元格"框中输入"$B$3"，即行变量是年利率，列变量是贷款年限，如图 10-10 所示。

④ 单击"确定"按钮，模拟运算表的计算结果如图 10-11 所示（小数位数为 0）。

图 10-10

B8 | {=TABLE(B4,B3)}

	A	B	C	D	E	F	G	H	I	J	K	L	M
1	贷款问题的双变量模拟运算表												
2	贷款金额 /元	10,000,000											
3	贷款年限 /年	10											
4	年利率	4%											
5	每月等额还款额 /元	¥-101,245.14											
6													
7	¥-101,245.14	3.25%	3.50%	3.75%	4.00%	4.25%	4.50%	4.75%	5.00%	5.25%	5.50%	5.75%	6.00%
8	5	-180800	-181917	-183039	-184165	-185296	-186430	-187569	-188712	-189860	-191012	-192168	-193328
9	10	-97719	-98886	-100061	-101245	-102438	-103638	-104848	-106066	-107292	-108526	-109769	-111021
10	15	-70267	-71488	-72722	-73969	-75228	-76499	-77783	-79079	-80388	-81708	-83041	-84386
11	20	-56720	-57996	-59289	-60598	-61923	-63265	-64622	-65996	-67384	-68789	-70208	-71643
12	25	-48732	-50062	-51413	-52784	-54174	-55583	-57012	-58459	-59925	-61409	-62911	-64430
13	30	-43521	-44904	-46312	-47742	-49194	-50669	-52165	-53682	-55220	-56779	-58357	-59955

图 10-11

提示

在已经生成的模拟运算表中，单元格区域 B8:M13 中的公式为"=TABLE(B4,B3)"，表示一个以单元格 B4 为行变量、单元格 B3 为列变量的双变量模拟运算表。

10.3 方案管理器

如果遇到包括更多可变因素的问题，或是要在多种假设分析中找出最佳执行方案，单变量模拟运算表和双变量模拟运算表均无法实现，这时 Excel 的方案管理器就可以解决。

方案管理器主要用于解决多方案求解问题，利用方案管理器模拟不同方案的结果，根据多个方案的对比分析，考查不同方案的优劣，从中寻求最佳的解决方案。

【例 10-5】基于例 10-4 双变量模拟运算表中的贷款问题，要求同时分析不同贷款年利率、贷款年限和贷款金额对每月等额偿还额的影响。

分析：在单变量模拟运算表中，指定的变量是年利率，贷款金额和贷款年限都是固定值。在双变量数据表中，指定的变量是年利率和贷款年限，贷款金额是固定值。如果要把贷款金额也作为变量，即变量超过了两个，就要使用方案管理器。

方案管理器是在双变量模拟运算表的基础上创建的，因此这里需要在例 10-4 双变量模拟运算表的基础上，按照贷款金额分别为 800 万元、900 万元、1000 万元、1100 万元、1200 万元创建方案。创建方案的具体操作步骤如下。

视频 10-4　例 10-5

① 单击"数据"选项卡"预测"选项组中的"模拟分析"按钮，选择"方案管理器"选项，弹出"方案管理器"对话框，如图 10-12 所示。

② 在"方案管理器"对话框中单击"添加"按钮，弹出"添加方案"对话框。

③ 在"添加方案"对话框的"方案名"文本框中输入"贷款金额-800"，然后指定"贷款金额"所在的 B2 单元格为"可变单元格"，如图 10-13 所示。

图 10-12

图 10-13

④ 单击"确定"按钮，弹出"方案变量值"对话框，将文本框中显示的可变单元格原始数据修改为方案模拟数值"8000000"，如图 10-14 所示。

⑤ 单击"确定"按钮，"贷款金额-800"方案创建完毕，相应的方案自动添加到"方案管理器"的方案列表中。

⑥ 重复上述步骤②～⑤，可依次建立"贷款金额-900""贷款金额-1000""贷款金额-1100"和"贷款金额-1200"等方案。创建完成后的"方案管理器"对话框如图 10-15 所示。

图 10-14

图 10-15

（1）查看方案。方案创建完成以后，用户可以在"方案管理器"对话框中选定某一方案，单击"显示"按钮来查看方案。查看方案时，在方案中保存的变量值将会替换可变单元格中的数据值。例如，查看方案"贷款金额-800"的计算结果如图 10-16 所示，查看方案"贷款金额-1100"的计算结果如图 10-17 所示。对比这两个方案可以看到，所有与可变单元格相关的计算结果都是重新计算的，计算结果与方案设计一致。

	A	B	C	D	E	F	G	H	I	J	K	L	M
1		贷款问题											
2	贷款金额／元	8,000,000											
3	贷款年限／年	10											
4	年利率	4%											
5	每月等额还款额／元	¥-80,996.11											
6													
7	¥-80,996.11	3.25%	3.50%	3.75%	4.00%	4.25%	4.50%	4.75%	5.00%	5.25%	5.50%	5.75%	6.00%
8	5	-144640	-145534	-146431	-147332	-148236	-149144	-150055	-150970	-151888	-152809	-153734	-154662
9	10	-78175	-79109	-80049	-80996	-81950	-82911	-83878	-84852	-85833	-86821	-87815	-88816
10	15	-56214	-57191	-58178	-59175	-60182	-61199	-62227	-63263	-64310	-65367	-66433	-67509
11	20	-45376	-46397	-47431	-48478	-49539	-50612	-51698	-52796	-53908	-55031	-56167	-57314
12	25	-38985	-40050	-41130	-42227	-43339	-44467	-45609	-46767	-47940	-49127	-50329	-51544
13	30	-34817	-35924	-37049	-38193	-39355	-40535	-41732	-42946	-44176	-45423	-46686	-47964

图 10-16

	A	B	C	D	E	F	G	H	I	J	K	L	M
1		贷款问题											
2	贷款金额／元	11,000,000											
3	贷款年限／年	10											
4	年利率	4%											
5	每月等额还款额／元	¥-111,369.65											
6													
7	¥-111,369.65	3.25%	3.50%	3.75%	4.00%	4.25%	4.50%	4.75%	5.00%	5.25%	5.50%	5.75%	6.00%
8	5	-198880	-200109	-201343	-202582	-203825	-205073	-206326	-207584	-208846	-210113	-211384	-212661
9	10	-107491	-108774	-110067	-111370	-112681	-114002	-115333	-116672	-118021	-119379	-120746	-122123
10	15	-77294	-78637	-79994	-81366	-82751	-84149	-85562	-86987	-88427	-89879	-91345	-92824
11	20	-62392	-63796	-65218	-66658	-68116	-69591	-71085	-72595	-74123	-75668	-77229	-78807
12	25	-53605	-55069	-56554	-58062	-59591	-61142	-62713	-64305	-65917	-67550	-69202	-70873
13	30	-47873	-49395	-50943	-52516	-54113	-55735	-57381	-59050	-60742	-62457	-64193	-65951

图 10-17

（2）生成方案摘要。应用"方案管理器"对话框中的"显示"按钮只能一个方案、一个方案地查看，如果能将所有方案汇总到一个工作表中，形成一个方案报表，然后再在方案报表中对不同方案的影响进行比较、分析，将更有助于决策人员综合考查各种方案的效果。生成方案摘要的具体操作步骤如下。

① 单击"方案管理器"对话框中的"摘要"按钮，弹出"方案摘要"对话框，如图 10-18 所示。

② 选择生成方案摘要的报表类型为"方案摘要"，在"结果单元格"文本框中指定"每月等额还款额"所在的单元格 B5，单击"确定"按钮。系统自动创建一个名为"方案摘要"的新工作表，内容如图 10-19 所示，可以看出，结果值的格式与单元格 B5 相同。

图 10-18

方案摘要						
	当前值	贷款金额-800	贷款金额-900	贷款金额-1000	贷款金额-1100	贷款金额-1200
可变单元格：						
$B$2	11,000,000	8,000,000	9,000,000	10,000,000	11,000,000	12,000,000
结果单元格：						
$B$5	¥-111,369.65	¥-80,996.11	¥-91,120.62	¥-101,245.14	¥-111,369.65	¥-121,494.17

图 10-19

方案摘要说明如下。

• 在方案摘要中，"当前值"列显示的是在建立方案汇总时，方案的可变单元格中的数值。每组方案可变单元格均以灰色底纹突出显示，根据各方案的模拟数据计算的结果值也同时显示在方案摘要中，便于管理人员比较、分析。

• 从方案摘要结果中可以看到，在贷款年限 10 年，年利率 4%，每月等额偿还本息、不同贷款金额下的每月偿还额情况。

● 如果想查看其他贷款年限、年利率条件下，不同贷款金额的每月偿还额的方案摘要，在设置方案摘要时只需将相应的单元格设置为"结果单元格"即可。例如，想要查看在贷款 20 年、年利率 3.75%条件下，不同贷款金额下每月的偿还额情况，则需要将 D11 单元格设置为"结果单元格"。生成的方案摘要如图 10-20 所示，其结果值的格式与单元格 D11 相同。

方案摘要						
	当前值：	贷款金额-800	贷款金额-900	贷款金额-1000	贷款金额-1100	贷款金额-1200
可变单元格：						
$B$2	11,000,000	8,000,000	9,000,000	10,000,000	11,000,000	12,000,000
结果单元格：						
$D$11	-65218	-47431	-53360	-59289	-65218	-71147

图 10-20

10.4　应用实例——个人投资理财的模拟分析

某人计划向一个项目投资 20 万元，经过分析论证，该项目预计投资时间为 10 年，可以获得 6%的年收益率。现在需要了解不同投资金额，投资年限，投资收益率条件下最终可以获得的总收益情况。

$$总收益=初期投资金额×（1+年收益率）^{投资年限}$$

分析：首先要建立投资基本数据，如图 10-21 所示，在 B2 单元格中输入初期投资金额，在 B3 单元格中输入投资年限，在 B4 单元格中输入年收益率，在 B5 单元格中输入总收益的计算公式"=B2*(1+B4)^B3"。当前 B2 单元格值为 20 万，B3 单元格值为 10 年，B4 单元格值为 6%，则 B5 单元格会自动计算为 ¥358,169.54。然后建立一个双变量模拟运算表来分析不同投资年限和年收益率对总收益的影响；最后再按照初期投资金额分别为 10 万元、20 万元、30 万元、40 万元和 50 万元创建多个方案进行对比分析。具体操作过程如下。

① 建立双变量模拟运算表来分析不同投资年限和年收益率对总收益的影响。行变量为年收益率，取值分别为 4.50%、4.75%、…、7.00%；列变量为投资年限，取值分别为 5、10、…、30；计算结果如图 10-21 所示（小数位数为 0）。

	A	B	C	D	E	F	G	H	I	J	K	L
1	投资问题											
2	初期投资金额/元	200,000										
3	投资时间/年	10										
4	年收益率	6%										
5	总收益/元	¥358,169.54										
6												
7	¥358,169.54	4.50%	4.75%	5.00%	5.25%	5.50%	5.75%	6.00%	6.25%	6.50%	6.75%	7.00%
8	5	249236	252232	255256	258310	261392	264504	267645	270816	274017	277249	280510
9	10	310594	318105	325779	333619	341629	349811	358170	366707	375427	384334	393430
10	15	387056	401181	415786	430885	446495	462632	479312	496551	514368	532780	551806
11	20	482343	505954	530660	556509	583551	611840	641427	672371	704729	738563	773937
12	25	601087	638088	677271	718758	762678	809169	858374	910444	965540	1023828	1085487
13	30	749064	804731	864388	928310	996790	1070142	1148698	1232816	1322873	1419275	1522451

图 10-21

② 单击"数据"选项卡"预测"选项组中的"模拟分析"按钮，选择"方案管理器"选项，弹出"方案管理器"对话框。

③ 单击"添加"按钮，弹出"添加方案"对话框。在"添加方案"对话框的"方案名"文本框中输入"投资金额-10"，然后指定"初期投资金额"所在的 B2 单元格为"可变单元格"，如图 10-22 所示。

④ 单击"确定"按钮，弹出"方案变量值"对话框，在相应的文本框中输入方案模拟数值 100000，"投资金额-10"方案创建完毕，相应的方案自动添加到"方案管理器"的方案列表中。

⑤ 重复步骤③～④可依次建立"投资金额-20""投资金额-30""投资金额-40"和"投资金额-50"等方案。创建完成后的"方案管理器"对话框如图 10-23 所示。

图 10-22　　　　　　　　　　　　　　　　　　　　图 10-23

⑥ 选择某一方案，单击"显示"按钮可以查看该方案。例如，查看方案"投资金额-50"的计算结果如图 10-24 所示。

	A	B	C	D	E	F	G	H	I	J	K	L
1		投资问题										
2	初期投资金额/元	500,000										
3	投资时间/年	10										
4	年收益率	6%										
5	总收益/元	¥895,423.85										
6												
7	¥895,423.85	4.50%	4.75%	5.00%	5.25%	5.50%	5.75%	6.00%	6.25%	6.50%	6.75%	7.00%
8	5	623091	630580	638141	645774	653480	661259	669113	677041	685043	693122	701276
9	10	776485	795262	814447	834048	874528	874528	895424	916768	938569	960835	983576
10	15	967641	1002953	1039464	1077213	1116238	1156580	1198279	1241378	1285921	1331951	1379516
11	20	1205857	1264884	1326649	1391272	1458879	1529599	1603568	1680927	1761823	1846408	1934842
12	25	1502717	1595221	1693177	1796895	1906696	2022923	2145935	2276111	2413850	2559571	2713716
13	30	1872659	2011828	2160971	2320776	2491976	2675354	2871746	3082039	3307183	3548187	3806128

图 10-24

⑦ 单击"方案管理器"对话框中的"摘要"按钮，弹出"方案摘要"对话框。指定生成方案摘要的报表类型为"方案摘要"，在"结果单元格"文本框中指定"总收益金额"所在的单元格 B5，单击"确定"按钮。系统会自动创建一个名为"方案摘要"的新工作表，内容如图 10-25 所示。

方案摘要	当前值	投资金额-10	投资金额-20	投资金额-30	投资金额-40	投资金额-50
可变单元格：						
$B$2	500,000	100,000	200,000	300,000	400,000	500,000
结果单元格：						
$B$5	¥895,423.85	¥179,084.77	¥358,169.54	¥537,254.31	¥716,339.08	¥895,423.85

图 10-25

从方案摘要结果中可以看到，在投资时间 10 年、投资年收益率 6%条件下，不同初期投资金额所能获得的总收益情况。如果想查看其他投资时间、投资年收益率条件下，不同初期投资金额所能获得的总收益情况，在设置方案摘要时只需将相应的单元格设置为结果单元格即可。

例如，想要查看投资时间 15 年，投资年收益率 7%条件下，不同初期投资金额所能获得的总收益情况，则需要将 L10 单元格设置为结果单元格。生成的方案摘要如图 10-26 所示。

方案摘要	当前值	投资金额-10	投资金额-20	投资金额-30	投资金额-40	投资金额-50
可变单元格：						
$B$2	500,000	100,000	200,000	300,000	400,000	500,000
结果单元格：						
$L$10	1379516	275903	551806	827709	1103613	1379516

图 10-26

10.5 实用技巧——模拟分析中的数据保护

在使用 Excel 进行模拟分析时，有时需要限制某些单元格的编辑权限，以保护单元格中的重要数据或公式不被误删除或修改，这就需要把输入了重要数据或公式的单元格通过密码保护起来，只有输入正确的密码才能在这些单元格中输入或修改数据。

例如，利用单变量求解工具设计一个某公司年终奖金计算工作表，销售员只要输入前 3 个季度的销售额，单击"计算"按钮后可以自动计算出要保证该销售员年终奖金为 10,000 元，第 4 季度的销售额应该是多少。该工作表只允许编辑各个季度的销售额对应的单元格，其他单元格一律不允许做任何修改。具体操作步骤如下。

① 如图 10-27 所示，在 B2:B4 单元格区域分别输入前 3 个季度的销售额，这里假定分别是 37,554 元、19,986 元和 29,800 元；B5 单元格中第 4 季度的销售额未知；B6 单元格中输入年终奖金的计算公式"=(B2+B3+B4+B5)*8%"，自动计算出当前的年终奖金为 6,987 元。

② 录制一个宏记录单变量求解过程，并指定给"计算"按钮。其中"目标单元格"为 B6，"目标值"为 10000，"可变单元格"为 B5。求解结果如图 10-28 所示，该销售员要想达到年终奖金 10,000 元的目标，第 4 季度必须完成的销售额为 37,660 元。

图 10-27

图 10-28

③ 选中 B2:B5 单元格区域。

④ 在"审阅"选项卡"更改"选项组中单击"允许用户编辑区域"按钮，弹出"允许用户编辑区域"对话框，在该对话框中单击"新建"按钮把 B2:B5 单元格区域加入"工作表受保护时使用密码取消锁定的区域"，如图 10-29 所示。

⑤ 单击"保护工作表"按钮，弹出"保护工作表"对话框，在"取消工作表保护时使用的密码"文本框中输入密码，如图 10-30 所示。

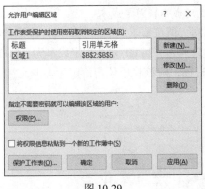

图 10-29

图 10-30

⑥ 单击"确定"按钮，弹出"确认密码"对话框，在"重新输入密码"文本框中再次输入刚刚设置的密码，如图 10-31 所示。

⑦ 单击"确定"按钮完成设置。此时只有 B2:B5 单元格区域可以进行编辑，当编辑其他单元格时，将提示该单元格受到保护，需要提供密码取消保护后，才能进行修改，如图 10-32 所示。

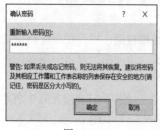

| 图 10-31 | 图 10-32 |

⑧ 此时在 B2:B4 单元格区域中输入另一个销售员前 3 个季度的销售额，单击"计算"按钮即可自动计算出该销售员第 4 季度要完成的销售额，如图 10-33 所示。

	A	B	C	D
1	年终奖金目标10000元			
2	第1季度	45,123		
3	第2季度	38,000		计算
4	第3季度	28,960		
5	第4季度	12,917		
6	年终奖金	10,000		

图 10-33

课堂实验

一、实验目的

（1）掌握单变量求解的方法。

（2）掌握模拟运算表的创建方法。

（3）掌握方案管理器生成摘要的方法。

二、实验内容

商品利润与单位售价、单位变动成本、销售量和固定成本之间的关系可以用下面的公式来描述：

商品利润=销售量×(单位售价−单位变动成本)−固定成本

任意一个因素发生变化，都会影响最终获得的商品利润，请按要求对商品利润进行模拟分析。

（1）商品利润的单变量求解。已知某商品的单位变动成本为 126.00 元，固定成本为 15,000.00 元，预计销售量为 1,000 件，想要达到商品利润 1 万元的目标，应该将单位售价定为多少元？

样例：

（2）单位售价变动对商品利润的影响分析。使用单变量模拟运算表，在销售量 1,000 件、单位变动成本 126.00 元和固定成本 15,000.00 元保持不变的情况下，分析单位售价分别为 120.00 元、150.00元、180.00 元、210.00 元、240.00 元、270.00 元和 300.00 元时的商品利润情况。

样例：

	A	B	C	D	E
1	商品利润的计算			单位售价变动对商品利润的影响分析	
2	单位售价/元	151.00		单位售价/元	商品利润/元
3	固定成本/元	15,000.00			10,000.00
4	单位变动成本/元	126.00		120.00	-21,000.00
5	销售量/件	1,000		150.00	9,000.00
6	商品利润/元	10,000.00		180.00	39,000.00
7				210.00	69,000.00
8				240.00	99,000.00
9				270.00	129,000.00
10				300.00	159,000.00

（3）单位售价和销售量变动对商品利润的影响分析。使用双变量模拟运算表，在单位变动成本126.00 元和固定成本 15,000.00 元保持不变的情况下，分析单位售价分别为 120.00 元、150.00 元、180.00 元、210.00 元、240.00 元、270.00 元和 300.00 元，销售量分别为 100 件、300 件、500 件、800 件、1,500 件时的商品利润情况。

样例：

	A	B	C	D	E	F
1	商品利润的计算					
2	单位售价/元	151.00				
3	固定成本/元	15,000.00				
4	单位变动成本/元	126.00				
5	销售量/件	1,000				
6	商品利润/元	10,000.00				
7	单位售价和销售量变动对商品利润的影响分析					
8	单位售价/元	销售量/件				
9	10,000.00	100	300	500	800	1,500
10	120.00	-15,600.00	-16,800.00	-18,000.00	-19,800.00	-24,000.00
11	150.00	-12,600.00	-7,800.00	-3,000.00	4,200.00	21,000.00
12	180.00	-9,600.00	1,200.00	12,000.00	28,200.00	66,000.00
13	210.00	-6,600.00	10,200.00	27,000.00	52,200.00	111,000.00
14	240.00	-3,600.00	19,200.00	42,000.00	76,200.00	156,000.00
15	270.00	-600.00	28,200.00	57,000.00	100,200.00	201,000.00
16	300.00	2,400.00	37,200.00	72,000.00	124,200.00	246,000.00

（4）在上题中双变量模拟运算表基础上，使用方案管理器同时考虑单位变动成本分别为 80.00元、90.00 元、100.00 元、110.00 元、126.00 元时对商品利润的影响情况，并按要求生成方案摘要。

① 在单位售价 300.00 元且销售量 500 件的条件下，不同单位变动成本下的商品利润情况。

样例：

方案摘要						
	当前值:	变动成本-80	变动成本-90	变动成本-100	变动成本-110	变动成本-126
可变单元格:						
$B$4	126.00	80.00	90.00	100.00	110.00	126.00
结果单元格:						
$D$16	72000.00	95000.00	90000.00	85000.00	80000.00	72000.00

② 在单位售价 180.00 元且销售量 1,500 件的条件下，不同单位变动成本下的商品利润情况。

样例：

方案摘要						
	当前值:	变动成本-80	变动成本-90	变动成本-100	变动成本-110	变动成本-126
可变单元格:						
$B$4	126.00	80.00	90.00	100.00	110.00	126.00
结果单元格:						
$F$12	66000.00	135000.00	120000.00	105000.00	90000.00	66000.00

习　题

一、单项选择题

1. 在 Excel 的"模拟分析"选项中，不包括的是_____。

    A. 方案管理器　　　　B. 模拟运算表　　　　C. 单变量求解　　　　D. 数据透视表

2. 如果按列组织的单变量模拟运算表位于 A6:B15 单元格区域，则计算公式应放置的单元格地址是_____。

    A. A6　　　　　　　　B. B6　　　　　　　　C. A7　　　　　　　　D. B7

3. 双变量模拟运算表的公式"{ =TABLE(B4,B5) }"中，B5 称作模拟运算表的_____。

    A. 自变量　　　　　　B. 行变量　　　　　　C. 列变量　　　　　　D. 单元格变量

4. 某职工的年终奖金是全年销售额的 20%，前 3 个季度的销售额已经知道了，该职工想知道第四季度的销售额为多少时，才能保证年终奖金为 20,000 元。该问题可以用_____进行计算。

    A. 方案管理器　　　　B. 模拟运算表　　　　C. 单变量求解　　　　D. 分类汇总

5. 某人想买房，需要向银行贷款 50 万，还款年限为 20 年，贷款年利率根据国家经济的发展会有调整，假设贷款年利率分别为 4.5%、4.75%、…、7.0%，要计算不同贷款年利率下的每月等额还款额。该问题可以用_____进行计算。

    A. 方案管理器　　　　B. 模拟运算表　　　　C. 单变量求解　　　　D. 数据透视表

二、判断题

1. 单变量求解只能用于求解含有一个变量的方程。（　　）

2. 在单变量求解中，目标单元格必须是含有公式的单元格。（　　）

3. 在模拟运算表中，变量的数据值可以存放在任意单元格中。（　　）

4. 模拟运算表中填写计算公式的单元格可以是任意单元格。（　　）

5. 如果一个公式中要分析的变量超过了两个，必须使用方案管理器。（　　）

三、计算分析题

1. 利用单变量求解一元方程式 $5x^2+x-5\sin(x)=3$ 的根。

2. 某开发商想贷款 80 万元建立一个山林果园，货款年利率为 5%，期限为 25 年，每月等额偿还额是多少？如果有多种不同的利率（3%、4%、5%、6%、7%）和不同贷款年限（10 年、15 年、20 年、30 年）可供选择，各种情况下的每月等额偿还额各是多少？

3. 对于上题中的 80 万元贷款，若想每月还贷 2 万元，在贷款利率为 6% 的情况下，需要多少年才能还清？

4. 某人想买房，假设贷款年利率可以在 4.5%、4.75%、…、7.0% 之间选择，还款期限可以选择 5 年、10 年、15 年、20 年和 30 年，分别建立贷款金额为 50 万元、80 万元、90 万元、100 万元时每月等额还款的方案，并生成相应的方案摘要报告。

5. 假设某项目可以获得初始投资 50 万元，经过论证分析，可以获得年收益率 8%，预计投资年限为 10 年，现在需要了解如果每年收益率分别为 5.0%、5.5%、…、10% 时，初始投资分别为 30 万元、40 万元、50 万元、60 万元、70 万元，投资年分别为 8 年、9 年、10 年、12 年、15 年；各种组合情况下的投资收益情况。